蛋鸡饲养

赢利有妙招

董小光　倪印红◎编著

图书在版编目(CIP)数据

蛋鸡饲养赢利有妙招/董小光,倪印红编著.—北京:科学技术文献出版社,2012.9

ISBN 978-7-5023-7327-6

Ⅰ.①蛋… Ⅱ.①董… ②倪… Ⅲ.①卵用鸡-饲养管理 Ⅳ.①S831.4

中国版本图书馆 CIP 数据核字(2012)第 093617 号

蛋鸡饲养赢利有妙招

策划编辑:孙江莉 责任编辑:孙江莉 责任校对:唐 炜 责任出版:张志平

出 版 者 科学技术文献出版社
地 址 北京市复兴路 15 号 邮编 100038
编 务 部 (010)58882938,58882087(传真)
发 行 部 (010)58882868,58882866(传真)
邮 购 部 (010)58882873
官方网址 http://www.stdp.com.cn
淘宝旗舰店 http://stbook.taobao.com
发 行 者 科学技术文献出版社发行 全国各地新华书店经销
印 刷 者 富华印刷包装有限公司
版 次 2012 年 9 月第 1 版 2012 年 9 月第 1 次印刷
开 本 850×1168 1/32 开
字 数 138 千
印 张 5.75
书 号 ISBN 978-7-5023-7327-6
定 价 15.00 元

前言

鸡蛋与粮食一样已经成为现今人们日常生活中不可缺少的食品。而蛋鸡饲养效益的高低，与饲养者的经营理念、经营管理、生产组织，以及饲养方式、生产工艺、生产技术等有着直接的关系。

蛋鸡养殖属微利行业，如何在别人不赚钱的时候能赚钱，在别人赚钱的时候多赚钱，要实现同样的养殖规模比以前多赚钱的目的，就需要对养殖场地的选择、笼具的选择、人工光照方式的改变、高产蛋鸡品种的选择、进雏时间的计算、喂料方法的改进、蛋鸡淘汰时间的把握等处处精打细算了。当然，多赚钱并不是说第一招多赚5%，第二招多赚5%……九招就能多赚45%，因为养殖技巧贯穿于生产过程的始终，多赚钱的百分比并不是每一招多赚钱百分比的累加(提供合适的场地、合适的生存环境，并不能直接带来经济效益，但却能影响养殖效益)，养殖过程中多赚钱的程度是有限的，如果在生产过程中把每一招认真执行并切实落到实处，比较而言一批鸡能多赚20%就非常不错了。

因此，要想在别人不赚钱的时候能赚钱，在别人赚钱的时候多赚钱，要实现同样的养殖规模比以前多赚钱的目的，最实际的验证方法就是把您以前的记录找出来，然后参照本书介绍的每一招认真进行养殖或进行改进，把握住每一个能赚钱或能省钱的细节，相信您肯定能赚到钱或多赚钱。

编　者

目录

第一招　了解蛋鸡的相关知识 …… 1

1. 了解蛋鸡的生物学特性 …… 1
2. 了解蛋鸡品种的生产性能 …… 3
3. 选择高产蛋鸡的基本原则 …… 15

第二招　为蛋鸡提供符合要求的环境条件及设备 …… 18

1. 鸡场地址选择符合要求 …… 18
2. 饲养方式选择合理 …… 19
3. 鸡场规划布局符合要求 …… 20
4. 鸡舍类型符合要求 …… 23
5. 鸡舍各部结构符合要求 …… 24
6. 育雏舍设备能满足各方面要求 …… 27
7. 育成、产蛋舍设备能满足养殖需要 …… 32
8. 蛋库能满足短期储蛋要求 …… 40

第三招　准备的饲料营养搭配合理 …… 42

1. 掌握笼养蛋鸡的营养需求 …… 42
2. 掌握饲料选择的依据 …… 46
3. 自配饲料要采用合理的配方 …… 46
4. 不要误入蛋鸡饲料使用误区 …… 49
5. 减少笼养蛋鸡饲料浪费的措施 …… 51
6. 合理添加提高蛋鸡产蛋率的饲料 …… 54
7. 合理地贮藏饲料，以减少浪费 …… 56

第四招　根据计算好的进雏时间选购健康的雏鸡 …… 61

1. 算好获得鸡蛋最大的利润进雏时间 …… 61

2. 确保雏鸡来源可靠 …… 61
3. 做好育雏前的各项准备工作 …… 62
4. 选好雏鸡,为以后打下良好的基础 …… 68
5. 做好雌雄鉴别,减少公鸡混入率 …… 69
6. 了解相关承诺,避免不可预知风险 …… 71
7. 做好雏鸡的运输工作,减少途中死亡率 …… 72
第五招 精心管理雏鸡,减少死淘率 …… 74
1. 掌握雏鸡的生理特点 …… 74
2. 做好接雏工作 …… 75
3. 做好雏鸡的初饮与开食工作 …… 76
4. 做好育雏的日常饲养管理工作 …… 78
5. 分析育雏失败原因,以便总结经验 …… 95
6. 做好雏鸡转舍前的准备,以便雏鸡转舍 …… 97
7. 做好育雏鸡的转群工作 …… 98
8. 转群后做好育雏舍的消毒工作 …… 99
第六招 养好育成鸡,为产蛋做准备 …… 100
1. 了解育成期鸡的生理特点 …… 100
2. 做好育成期鸡的上笼工作 …… 101
3. 做好育成期的日常管理工作 …… 103
4. 了解高产鸡群育成标准的评判内容 …… 109
第七招 做好产蛋前期的饲养管理 …… 110
1. 了解产蛋前期的生理特点 …… 110
2. 做好育成鸡的转群上笼工作 …… 111
3. 做好产前母鸡的日常管理工作 …… 112
4. 做好产蛋初期异常情况的处理 …… 119
第八招 切实做好产蛋高峰期的管理工作 …… 123
1. 了解产蛋高峰期的生理特点 …… 123
2. 做好产蛋高峰期的日常管理工作 …… 125

3. 产蛋率上升缓慢或没有产蛋高峰期的处理 …………… 131
4. 产蛋量突然下降的处理 …………………………………… 133
5. 蛋鸡产薄壳蛋、软壳蛋的处理 …………………………… 135
6. 下小蛋的处理 …………………………………………… 138
7. 蛋壳破损的处理 ………………………………………… 138
8. 采取措施延长产蛋高峰期时间 ………………………… 141
9. 做好产蛋鸡的四季管理工作 …………………………… 153
第九招　产蛋后期把握好蛋鸡的淘汰时间 ………………… 161
1. 了解产蛋后期的生理特点 ……………………………… 161
2. 把握好蛋鸡的淘汰技巧 ………………………………… 161
3. 把握好淘汰鸡的销售技巧 ……………………………… 162
4. 做好淘汰鸡舍的消毒,以便下批鸡转入 ………………… 164
5. 合理利用鸡粪增效益 …………………………………… 167
附录　无公害食品蛋鸡饲养管理准则 ……………………… 169
参考文献 ……………………………………………………… 175

第一招　了解蛋鸡的相关知识

1. 了解蛋鸡的生物学特性

养蛋鸡要想取得好的经济效益，首先必须了解鸡的生物学特性，只有根据鸡的生物学特性进行饲养管理，才能最大发挥鸡的生产潜力。

(1)体温高，代谢旺盛

鸡的标准体温约 41.5℃(40.9～41.9℃)，高于任何哺乳动物。体温来源于体内物质代谢过程的氧化作用产生的热能，机体内产生热量的多少，决定于代谢强度。鸡体的营养物质来自于日粮，因而就要利用它代谢作用旺盛的特点给予所需要的营养物质，使鸡能维持生命和健康，从而能达到最佳的产蛋性能。

鸡的每分钟脉搏可达 200～350 次，基础代谢高于其他动物，为马、牛等的 3 倍以上，安静时耗氧量与排出二氧化碳的数量也高 1 倍以上，因此鸡的寿命相对就短。根据这一特性，应尽量为鸡创造良好的环境条件，利用其代谢旺盛的优点，来为我们创造更多的禽产品。

(2)成熟期早，繁殖力强

在目前的遗传育种和饲养条件下，蛋用型鸡养到 140～150 日龄时可开产蛋，高产鸡年产蛋 300 枚以上，大群年产蛋 280 枚已经实现，这些蛋经过孵化如果有 80%成为小鸡，则每只母鸡 1 年可以获得 240 只小鸡。如要发挥生长迅速、成熟期早的特性，必须给予适量的全价日粮，合理饲养，加强日常管理，适当调节光照与饲养密度，才能获得良好的经济效果。

(3)对饲料营养要求高

1只高产母鸡1年所产的蛋重量可达15～17千克，为其体重的10倍。但由于鸡口腔无牙齿咀嚼食物且大肠较短，腺胃消化性差，只靠肌胃与沙粒磨碎食物，盲肠只能消化少量的粗纤维，所以蛋鸡必须使用营养全面的配合饲料。

(4)对环境变化敏感

鸡的视觉很灵敏，一切进入视野的不正常因素，如光照、异常的颜色等均可引起“惊群”；鸡的听觉不如哺乳动物，但突如其来的噪声会引起鸡群惊恐不安。此外，鸡体水分的蒸发与热能的调节主要靠呼吸作用来实现，对环境变化比较敏感，因此养鸡要注意尽量控制环境变化，减少鸡群的应激。

(5)抗病能力差

鸡的肺很小，连接很多气囊，这些气囊存在于身体的各个部位，甚至进入骨腔中，通过空气传播的病原体可以沿呼吸道进入肺和气囊从而进入体腔、肌肉、骨骼之中；鸡的生殖孔和排泄孔都开口于泄殖腔，产出的蛋经过泄殖腔，容易受到污染；鸡由于没有横膈膜，腹腔感染很容易传到胸部组织器官；鸡没有淋巴结，这就等于病原体可以在机体内任意通行。因此，在同样的条件下，鸡的抗病力差，成活率低。尤其在工厂化高密度饲养的条件下，疫病的控制非常不易。

鸡的传染病由呼吸道传播的多，传播速度快，发病严重，死亡率高，给养鸡生产造成较大的经济损失。根据鸡的这一特点，在生产中必须制订综合性卫生防疫制度与措施，人工控制鸡舍环境，采用全进、全出的饲养制度来控制疾病的流行。

(6)适合规模化饲养

由于鸡的群居性强，在高密度的养殖条件下仍能表现出很高的生产性能。另外，鸡的粪便、尿液比较浓稠，给规模化饲养管理创造了有利条件。尤其是鸡的体积小，每只鸡占的面积仅 400 平方厘米，所以在畜禽养殖业中，工厂化饲养程度最高的是鸡的饲养。

(7)具有自然换羽的特性

通常，当年鸡有 4 次不完全的换羽现象，1 年以上的鸡每年秋、冬季换羽 1 次。因此，1 年淘汰的蛋鸡不用强制换羽。

2. 了解蛋鸡品种的生产性能

蛋鸡的品种按蛋壳的颜色分为白壳蛋鸡系、褐壳蛋鸡系、粉壳蛋鸡系和绿壳蛋鸡系。

(1)白壳蛋鸡

白壳蛋鸡主要是以莱航品种为基础育成的，是蛋用型鸡的典型代表。因为这种鸡开产早，产蛋量高；无就巢性；体积小，耗料少，产蛋的饲料报酬高；单位面积的饲养密度高，相对来讲，单位面积所得的总产蛋数多；适应性强，各种气候条件下均可饲养；蛋中血斑和肉斑率很低。这种鸡最适合于集约化笼养管理，它的不足之处是蛋重小，神经质，胆小怕人，抗应激性较差，啄癖多，特别是开产蛋初期啄肛造成的伤亡率比较高。

① 京白 904：由北京市种禽公司育成，突出特点是早熟、高产、蛋大、生活力强、饲料报酬高，是目前国内最好的鸡种。

据测定，0～20 周龄育成率 92.17%；20 周龄体重 1.49 千克；群体 150 日龄开产蛋率达 50%，72 周龄产蛋数平均 288.5 个，平均蛋重 59.01 克，总蛋重 17.02 千克；每千克蛋耗料 2.33 千克；产蛋期存活率 88.6%；产蛋期末体重 2 千克。京白 904 最适合于密闭鸡舍饲养，在开放式鸡舍饲养时，产蛋性能略差一些。

② 京白 823：由北京市种禽公司育成，在京白 904 问世之前，京白 823 是国内饲养量最大、地区分布最广的优秀蛋鸡品种。

据测定，0～20周龄育成率96%；20周龄体重1.54千克；156日龄产蛋率达50%，72周龄平均产蛋255.6个，平均蛋重58.4克，总蛋重14.93千克；每千克蛋耗料2.57千克；产蛋期末体重1.98千克；产蛋期存活率89.2%。

③ 京白938：由北京市种禽公司选育，可通过羽速自别雌、雄的白壳蛋鸡。

据测定，20周龄育成率94.4%；20周龄体重1.19千克；21～72周饲养日产蛋303个，平均蛋重59.4克，总蛋重18千克，每千克蛋耗料2.6千克；产蛋期存活率90%～93%。

④ 滨白42：由东北农学院选育，是目前滨白鸡系列中产蛋性能最好、推广数量最多、分布最广的高产蛋鸡。

据测定，0～20周龄育成率96.9%；20周龄体重1.49千克；160日龄达50%产蛋率；72周龄产蛋量257.2个，平均蛋重58克，总蛋重14.92千克，每千克蛋耗料2.72千克；产蛋期末体重1.96千克；产蛋期存活率85.3%。

⑤ 滨白584：由东北农业大学选育。

据测定，72周龄饲养日产蛋量281.1个，平均蛋重59.86克，总蛋重16.83千克，每千克蛋耗料2.53千克，产蛋期存活率91.1%。目前在生产中滨白584已代替了滨白42，得到大规模的推广，主要分布在黑龙江省境内。

⑥ 星杂288：是由加拿大谢佛公司育成的四系配套商品杂交鸡。目前，世界上有90多个国家饲养星杂288鸡。

据测定，72周龄产蛋量270.6个，平均蛋重60.5克，产蛋期平均死亡率为7.97%，18周龄体重1235～1305克，72周龄体重1680～1820克，入舍母鸡的产蛋量12个月270～290个，14个月为295～315个。产蛋率达50%时鸡的周龄23～24周，产蛋高峰期鸡龄26～28周。饲养日产蛋率为70%，每千克蛋耗料2.4千克。

⑦ 巴布可克 B-300:该鸡系美国巴布可克公司育成的四系配套杂交鸡。世界上有 70 多个国家和地区饲养,其分布范围仅次于星杂 288。该鸡的特点是产蛋量高,蛋重适中,饲料报酬高。

据测定,0～20 周龄育成率 88.7%;20 周龄体重 1.46 千克;72 周龄产蛋量 285 个,平均蛋重 58.96 克,总蛋重 16.8 千克,每千克蛋耗料 2.29 千克,产蛋期末体重 1.96 千克。

⑧ 海赛克斯白:是由荷兰尤利布里德公司育成的四系配套杂交鸡。以产蛋强度高、蛋重大而著称。

据测定,产蛋率达 50%时日龄为 157 天,0～18 周死淘率 4%,18 周龄体重 1160 克,0～18 周龄饲料消耗 5.8 千克,产蛋期每四周的淘汰率为 0.7%,全期平均产蛋率 76%,20～82 周龄产蛋 333 个,入舍母鸡产蛋数(20～82 周)314 个。平均蛋重 60.7 克,每千克蛋耗料 2.34 千克。

⑨ 尼克白鸡:是由美国尼克国际(辉瑞)公司育成的配套杂交鸡。

据测定,18 周龄内成活率为 95%～98%;19～80 周龄为 88%～94%。产蛋率达 50%时的日龄为 154～170 天,高峰期产蛋率 89%～95%。60 周龄时产蛋 220～235 个;80 周龄时产蛋数 315～335 个。18～60 周龄时每千克蛋耗料 2.1～2.3 千克,18～80 周龄时每千克蛋耗料 2.13～2.35 千克。标准体重 18 周龄时 1261～1306 克;50 周龄时为 1746～1860 克;80 周龄时为 1792～1882 克。蛋重 60 周龄时平均为 64 克;80 周龄时为 65 克。

⑩ 罗曼白:由德国农业部罗曼畜禽育种有限公司培育而成。

据测定,50%产蛋率时鸡的日龄为 148～154 天,高峰产蛋率 92%～95%,平均蛋重 62.5 克,入舍的母鸡每只产蛋量(12 个月)295～305 个,每千克蛋耗料 2.1～2.3 千克。20 周龄体重 1.30～1.35 千克,产蛋末期体重 1.75～1.85 千克,育成期存活率 96%～98%,产蛋期死淘率 4%～6%。

⑪海兰 W-36：该鸡系美国海兰国际公司育成的配套杂交鸡。

据测定，海兰 W-36 商品代鸡 0～18 周龄育成率 97%，平均体重 1.28 千克；161 日龄达 50%产蛋率，高峰产蛋率 91%～94%，32 周龄平均蛋重 56.7 克，70 周龄平均蛋重 64.8 克，80 周龄入舍鸡产蛋量 294～315 个，饲养日产蛋量 305～325 个；产蛋期存活率 90%～94%。海兰 W-36 雏鸡可通过羽速自别雌、雄。

⑫迪卡白：是由美国迪卡公司育成的配套杂交鸡。

据测定，体重 18 周龄 1320 克，20 周龄 1425 克，满 36 周龄以上 1700 克。育成期成活率 96%，产蛋期存活率 92%。育成期至 18 周龄饲料消耗 6 千克，育成期至 20 周龄 7 千克。19～20 周龄开始产蛋，产蛋率达到 50%为 146 天，产蛋高峰（超过 94%）出现在 28～29 周龄。按入舍母鸡计算至 60 周龄产蛋量 234 个，至 72 周龄产蛋量 293 个，至 78 周龄 320 个。平均蛋重 61.7 克。产蛋期，环境条件在 22℃时，从 19～72 周龄平均每天每只鸡耗料 107 克，蛋料比为 1∶2.17，每产 1 个蛋，耗料 133 克。

⑬海兰白：由美国海兰国际育种公司培育而成。

据测定，1～18 周龄存活率为 97%，饲料消耗 5.7 千克，18 周龄体重 1280 克，产蛋率达到 50%时天数 161 天，32 周龄时平均蛋重 56.7 克，70 周龄时平均蛋重 64.8 克，按入舍母鸡计算的产蛋数 294～351 个（从 20 周到 14 个月），按母鸡饲养日计算的产蛋数 305～325 个，高峰产蛋率 91%～94%。

⑭奥赛克白蛋鸡：是由张家口高等农业专科学校与河北省秦皇岛市种鸡场合作选育出的新鸡种。

据测定，20 周龄育成率 90.2%，产蛋期存活率 90.9%，开产日龄 166 天，开产体重 1.43 千克，43 周平均蛋重 57.8 克，最高产蛋率 93.3%，72 周龄总产蛋量 17.1 千克。冀育 2 号 20 周龄育成率 97.2%，产蛋期存活率 92.4%，开产日龄 168 天，开产体重 1.69 千克，43 周龄平均蛋重 61.7 克，最高峰产蛋率 90.8%，72 周龄总蛋重 16.8 千克。

⑮北京白鸡:是北京市种禽公司在引进国外鸡种的基础上选育成的优良蛋用型鸡,具有体型小、耗料少、产蛋多、适应性强、遗传稳定等特点。

据测定,0～20 周龄成活率 94%～98%,21～72 周龄成活率 90%～93%,72 周饲养日产蛋数 300 枚,平均蛋重 59.42 克,每千克蛋耗料 2.23～2.32 千克。

(2)褐壳蛋鸡

褐壳蛋鸡的特点是体型较大,蛋重大,初产蛋就比白壳蛋重;蛋的破损率较低,适于运输和保存;鸡的性情温顺,对应激敏感性低,易于管理;产蛋量较高;耐寒性好,冬季产蛋率较平稳;啄癖少,死淘率低;杂交鸡可羽色鉴别雌、雄。它的不足之处是日采食量比白壳蛋鸡多 5～6 克,每只鸡所占面积比白壳蛋鸡多 15%左右,单位面积产蛋少 5%～7%;这种鸡有偏肥的倾向,饲养技术难度比白鸡大,特别是必须实行限制饲养,否则过肥影响产蛋性能;体型大,耐热性较差;蛋中血斑和肉斑率高。

① 依莎褐:是由法国依莎公司培育的四系配套杂交鸡,是目前世界上优秀的高产褐壳蛋鸡之一。

据测定,0～20 周龄成活率 97%,18 周龄体重 1.45 千克,0～20 周龄饲料消耗量 7～8 千克,20～80 周龄存活率 92.5%,高峰产蛋率(维持 3 周)92%,产蛋率 50%时的鸡龄为 160 天,按入舍母鸡计算产蛋数(80 周龄)308 个,入舍母鸡产蛋总重(80 周) 19.22 千克,平均蛋重 62.5 克,每日每只母鸡平均采食量(80 周) 115～120 克,80 周龄母鸡体重 2.25 千克,20～80 周龄每千克蛋耗料 2.4～2.5 千克。

② 海赛克斯褐:是由荷兰优利布里德公司培育的四系配套杂交鸡。

据测定,0～18 周龄成活率 97%,产蛋期每 4 周死淘率

0.4%。18周龄体重1.4千克,产蛋末期体重2.25千克。产蛋率达50%时鸡龄为158天,平均产蛋率76%,产蛋率达80%以上,可持续27周以上。至78周龄,按入舍母鸡计算产蛋数299个,蛋平均重63.2克,每天每只鸡平均耗料量115克,每只鸡至76周龄总耗料量46.6千克,每千克蛋耗料2.39千克。

③ 罗曼褐:是由德国培育的四系配套杂交鸡。

据测定,产蛋率达50%的日龄为150~156天,高峰产蛋率91%~94%,按入舍母鸡计算12个月产蛋数290~300个,总产蛋量18.5~19.5千克,每千克蛋耗料2.1~2.3千克。

④ 迪卡褐:是由美国迪卡家禽育种公司培育的新型高产鸡,具有开始产蛋早、产蛋率高、蛋重大、产蛋高峰持续时间长;抗病力强,成活率高,生长发育快,饲料转化率高;性情温顺,适应性强等特点。

据测定,体重18周龄1.5千克,20周龄1.7千克,满36周龄以上2.18千克。72周龄按入舍母鸡计算产蛋数为270~300个,至78周龄为295~320个。开始产蛋周龄20~21周,产蛋率达50%时鸡龄22~24周,高峰产蛋日龄27~30周,高峰产蛋率90%~95%。平均蛋重63.0~64.5克,生长期成活率96%~98%,产蛋期死淘率3%~8%。19~72周龄每千克蛋耗料2.28~2.43千克,19~78周龄每千克蛋耗料2.31~2.46千克。耗料量至18周龄6.5千克,至20周龄7.7千克,环境条件在22℃情况下,19~72周龄阶段,每天每只鸡平均采食111~119克。

⑤ 黄金褐:是美国迪卡布公司培育的配套系蛋鸡,其特点是体型较小,外貌与迪卡褐无多大区别。

据测定,黄金褐商品鸡的育成期育成率96%~98%,产蛋期存活率94%~96%。72周龄入舍鸡产蛋量290~310个,平均蛋重63~64克,高峰产蛋率92%~95%。每千克蛋耗料2.07~2.28千克。开产体重1.45~1.6千克,成年母鸡体重2.05~2.15

千克。

⑥ 罗斯褐:是由英国罗斯种畜公司培育而成。

据测定,商品代罗斯褐鸡按入舍母鸡计算产蛋量(至72周)280个,至76周龄按入舍母鸡计算产蛋量298个,18~20周龄开始产蛋,产蛋高峰期25~27周龄,76周龄平均蛋重61.7克,0~18周龄饲料消耗量7千克,19~76周龄每天每只所需饲料平均113克,76周龄每千克蛋耗料2.35千克。18周龄体重1.38千克,76周龄体重2.20千克。产蛋期死淘率4.74%。

⑦ 尼克褐:是由美国尼克国际公司培育的四系配套杂交鸡。该鸡性情极为温顺,全身褐色羽毛内夹杂白色羽毛;蛋壳深褐色。

据测定,成活率在0~18周龄时96%~98%,19~76周龄时91%~94%;耗料量0~18周龄自由采食时为6.4~6.7千克;6~18周龄限料时为6.1~6.4千克;19~76周龄平均每天每只鸡采食109~118克。饲料转化率(蛋料比),从50%产蛋日龄至76周龄每千克蛋耗料2.35~2.45千克。产蛋率达50%时的日龄150~160天,至76周龄时产蛋数为295~315个,自由采食0~18周龄体重1.538千克,76周龄2.263千克;限料6~18周龄体重1.475千克,76周龄2.202千克;平均蛋重,35周龄61.5克,76周龄68.8克,累计产蛋总重19千克。

⑧ 农大褐3号:是由北京中国农业大学动物科技学院育成的四系配套杂交鸡。其特点是父母代和商品代雏鸡都可用羽色自别雌雄。商品代母鸡产蛋性能高,适应性强,饲料报酬高,是目前国内选育的褐壳蛋鸡中最优秀的配套系。

据测定,0~20周龄育成率96.7%;20周龄鸡的体重1.53千克;163日龄达50%产蛋率,72周龄产蛋量278.2个,平均蛋重62.85克,总蛋重16.65千克,每千克蛋耗料2.31千克;产蛋期末体重2.09千克;产蛋期存活率91.3%。

⑨ 海兰褐:是由美国海兰育种公司培育的配套系杂交鸡。

据测定，生长期成活率97%，20～74周龄产蛋期存活率91%～95%；18周龄体重饱饲1.66千克，限量饲喂1.54千克；产蛋结束时(74周龄)体重2.2千克，产蛋率达50%时为156日龄，产蛋高峰出现在29周龄左右，高峰产蛋率91%～96%，80周龄产蛋率61%；18～80周龄按母鸡饲养日计算产蛋数为299～318个，32周龄时平均蛋重60.4克，74周龄时66.9克，至18周龄(限量饲喂)的饲料消耗5.9～6.8千克。每千克蛋耗料2.5千克。

⑩ 新杨褐壳蛋鸡配套系：是由上海新杨家畜育种中心等3个单位联合培育。新杨褐壳蛋鸡配套系具有产蛋率高、成活率高、饲料报酬高和抗病力强的优良特点。

据测定，商品代生产性能，1～20周龄成活率96%～98%，20周龄体重1.5～1.6千克，入舍鸡耗料7.8～8.0千克；产蛋期(21～72周)成活率93%～97%，开产日龄(50%)154～161天，高峰产蛋率90%～94%，72周龄入舍母鸡产蛋数为287～296个，产蛋重18.0～19.0千克，平均蛋重63.5克，日平均耗料115～120克，羽色自别雌雄。

⑪星杂566：是由加拿大雪佛公司培育的四系配套杂交鸡。

据测定，72周龄产蛋数为245～265个，平均蛋重64克，总蛋重15.7～17千克；每千克蛋耗料2.5～2.7千克。

⑫星杂579：是由加拿大谢佛公司培育的四系配套杂交鸡。

据测定，72周龄产蛋数为247.9个，全程平均蛋重64克，产蛋期死亡淘汰率8.83%，每千克蛋耗料2.62千克。该鸡已推广到全国28个省、市、自治区，年饲养量突破1亿只以上。

⑬B-6鸡：是国内选育的唯一黑羽的褐壳蛋鸡，由中国农业科学院畜牧研究所育成的两系配套杂交鸡。

据测定，0～20周龄育成率93.5%；20周龄体重1.68千克；155日龄产蛋率达50%，72周龄产蛋数为274.6个，平均蛋重58.28克，总蛋重16.01千克，每千克蛋耗料2.54千克；产蛋期末体重 2.1 千克；产蛋期存活率 82.7%。该鸡种体型偏大，蛋重偏小。

⑭莱芜黑鸡：是由莱芜黑鸡育种中心和山东农业大学利用莱芜市本地土杂鸡提纯选育，分肉用、蛋用两类。黑羽，胫、喙青黑色，皮肤白色，单冠，冠冉红色。莱芜黑鸡蛋用系体型轻小，外貌清秀。

据测定，成年公鸡体重为 2.1～2.3 千克，母鸡为 1.4～1.5 千克。约 19 周开产蛋，72 周产蛋 220～240 个，平均蛋重 46 克，蛋壳浅褐色，蛋品质优良。

(3)粉壳蛋鸡

粉壳蛋鸡是指蛋的颜色介于褐壳蛋与白壳蛋之间，呈浅褐色。其羽色以白色为背景，有黄、黑、灰等杂色羽斑，与褐壳蛋鸡又不尽相同。因此，就将其分成粉壳蛋鸡一类。这种鸡的优点是产蛋量高，蛋重大，耗料少于褐壳蛋鸡，单位面积的饲养量接近于白壳蛋鸡，抗应激能力比较强。

① 星杂 444：是由加拿大雪佛公司育成的三系配套杂交鸡。

据测定，其生产性能为：500 日龄入舍鸡产蛋数为 276～279 个，平均蛋重 63.2～64.6 克，总蛋重 17.66～17.8 千克，每千克蛋耗料 2.52～2.53 千克；产蛋期存活率 91.3%～92.7%。

② 农昌 2 号：是由北京农业大学育成的两系配套杂交鸡，商品代雏可通过羽色鉴别雌雄。

据测定，0～20 周龄育成率 90.2%；开产体重 1.49 千克；161 日龄产蛋率达 50%，72 周龄产蛋数为 255.1 个，平均蛋重 59.8 克，总蛋重 15.25 千克，每千克蛋耗料 2.55 千克；产蛋期末体重 2.07 千克；产蛋期存活率 87.8%。

③ B-4 鸡：是由中国农业科学院畜牧研究所育成的两系配套杂交鸡。

据测定，0～20 周龄育成率 93.4%；开产体重 1.78 千克；

165 日龄产蛋率达 50%，72 周龄产蛋 254.3 个，平均蛋重59.6 克，总蛋重 15.16 千克，每千克蛋耗料 2.75 千克；产蛋期末存活率 82.9%。

④ 京白 939：是由北京种禽公司新近培育的粉壳蛋鸡高产配套系，商品代能进行羽色鉴别雌雄。

据测定，0～20 周龄成活率为 95%～98%；20 周龄体重 1.45～1.46 千克；达 50%产蛋率平均日龄 155～160 天；进入产蛋高峰期 24～25 周；高峰期最高产蛋率 96.5%；72 周龄入舍鸡产蛋数 270～280 枚，成活率达 93%；72 周龄入舍鸡产蛋量 16.74～17.36 千克；21～72 周龄成活率 92%～94%；21～72 周龄每千克蛋耗料 2.30～2.35 千克。

⑤ 海兰粉壳鸡：是由美国海兰公司培育出的高产粉壳鸡。

据测定，其生产性能指标，0～18 周龄成活率为 98%；达 50%产蛋率平均日龄 155 天；高峰期产蛋率 94%；20～74 周龄饲养日产蛋数 290 个，成活率达 93%；72 周龄产蛋量 18.4 千克；每千克蛋耗料 2.3 千克。

⑥ 奥赛克粉壳蛋鸡：是由张家口高等农业专科学校与河北省秦皇岛市种鸡场合作选育出的新鸡种。

据测定，冀育 1 号 20 周龄育成率 90.2%，产蛋期存活率 90.9%，开产日龄 166 天，开产体重 1.43 千克，43 周龄平均蛋重 57.8 克，最高产蛋率 93.3%，72 周龄总产蛋量 17.1 千克。冀育 2 号20 周龄育成率 97.2%，产蛋期存活率 92.4%，开产日龄 168 天，开产体重 1.69 千克，43 周龄平均蛋重 61.7 克，最高峰产蛋率 90.8%，72 周龄总蛋重 16.8 千克。

⑦ 尼克粉壳蛋鸡：是由美国尼克国际公司育成的配套杂交鸡。其特点是开产早、产蛋多、体重小、耗料少、适应性强。

据测定，商品代的生产性能，150～155 日龄开产蛋，80 周龄产蛋数 325～345 个，平均蛋重 60～62 克，每千克蛋耗料 2.1～

2.3千克,18周龄体重1.35千克,产蛋期成活率89%～94%。

⑧ 亚康蛋鸡:是由以色列PBU公司培育出的粉壳鸡。

据测定,育成期成活率95%～97%,产蛋期成活率94%～96%,达50%产蛋率日龄152～161天,每只鸡80周龄产蛋数330～337枚,平均蛋重62～64克。

⑨ 仙居鸡:产于浙江省台州市,以仙居县、临海市、天台县等地最为集中。

该鸡体型轻小,成年公鸡体重1.4～1.6千克,母鸡体重仅0.9～1千克。开产一般在135日龄。普通散养条件下,年产蛋160～180枚,良好条件下可达200枚以上,经选育的高产小群年产蛋可达220枚左右,平均蛋重42克,蛋品质优良,是国内知名的蛋用型小型地方鸡品种。

⑩ 济宁百日鸡:原产于山东省济宁市。

据测定,成年公鸡体重(1.32±0.08)千克,母鸡(1.16±0.12)千克;开产蛋最早的仅为80天,100～120天开产的较为普遍;每年产蛋180～200个,部分高产鸡年产蛋200个以上,初产蛋重32克,平均蛋重42克;蛋壳为粉色,深浅有差异,蛋形较整齐,蛋壳质量好,蛋黄比例占蛋重的36.9%,蛋品质佳;体重轻、耗料少,是一个以蛋用为主的小型地方品种。

⑪汶上芦花鸡:原产于山东省济宁市。

据测定,成年公鸡体重(1.40±0.13)千克,母鸡体重(1.26±0.18)千克。在较好的管理条件下,年产蛋数180～200个,部分高产鸡年产蛋200个以上,平均蛋重45克。芦花鸡遗传性稳定,体型小,耗料少,适应性强,是一个有特色的蛋用性能良好的地方品种。

(4)绿壳蛋鸡

绿壳蛋鸡因产绿壳蛋而得名,其特征为“五黑一绿”,即黑毛、黑皮、黑肉、黑骨、黑内脏,更为奇特的是所产蛋为绿色,集天然黑色食品和绿色食品为一体，是世界罕见的珍禽极品。该鸡种抗病力强，适应性广，喜食青草菜叶。

① 绿洲黑羽绿壳蛋鸡：由浙江省瑞安市绿洲生态农场选育而成，具有体型较小、耗料量低、产蛋性能较高、蛋品质优良、抱窝率低、适应性强等优点。

据测定，0～6周龄雏鸡成活率为94%，7～20周龄育成率为95%，入舍母鸡成活率90%，开产日龄145～155天。开产体重0.9～1.05千克，开产蛋重36～40克，500日龄产蛋量200～220个，蛋重48～50克。

② 三凰绿壳蛋鸡：有黄羽、黑羽两个品系，其血缘均来自我国的地方品种。

据测定，开产蛋日龄155～160天，开产体重母鸡1.25千克，公鸡1.5千克；300日龄平均蛋重45克，500日龄产蛋量180～185个，父母代鸡群绿壳蛋比率97%左右；大群商品代鸡群中绿壳蛋比率93%～95%；成年公鸡体重1.85～1.9千克，母鸡1.5～1.6千克。

③ 三益绿壳蛋鸡：其最新的配套组合为黑羽绿壳蛋鸡公鸡做父本，引进国外的粉壳蛋鸡做母本，进行配套杂交。

据测定，开产蛋日龄150～155天，开产体重1.25千克，300日龄平均蛋重50～52克，500日龄产蛋数210个，绿壳蛋比率85%～90%，成年母鸡体重1.5千克。

④ 新杨绿壳蛋鸡：父系来自黑羽绿壳蛋鸡选育的地方品种，母系来自引进国外的高产白壳或粉壳蛋鸡，经配合力测定后杂交培育而成。

据测定，开产蛋日龄140天(产蛋率5%)，产蛋率达50%的日龄为162天；开产体重1～1.1千克，500日龄入舍母鸡产蛋数达230个，平均蛋重50克。

⑤ 招宝绿壳蛋鸡：该鸡种和绿洲鸡的血缘来源有些相似。

据测定，该鸡种开产日龄比较晚，为165～170天，相对来说饲料利用率比较低，开产体重1.05千克，500日龄产蛋数135～150个，平均蛋重42～43克。

⑥ 昌系绿壳蛋鸡：该鸡种体型矮小，羽毛紧凑。

据测定，成年公鸡体重1.30～1.45千克，成年母鸡体重1.05～1.45千克。开产蛋日龄较晚，大群饲养平均为182天，开产体重1.25千克，开产平均蛋重38.8克，500日龄产蛋数为89.4个，平均蛋重51.3克，就巢率10%左右，故产蛋量比较低。

⑦ 东乡黑羽绿壳蛋鸡：由江西省东乡县农业科学研究所和江西省农业科学院畜牧所培育而成。

据测定，开产蛋日龄148天，日产蛋高峰期产蛋率80%～85%，72周产蛋数为180～240个。

3. 选择高产蛋鸡的基本原则

现代蛋用品种的产蛋性能在正常的饲养管理情况下都很高，开产时间、产蛋数量、总蛋量也很相近。但需要注意的是，每一个品种由于适应性的差异，其生产性能在不同的地区有不同的表现，有的品种在某个地区表现优良，但在另一个地区可能表现不优良。同时由于消费习惯和市场销售等因素，也会影响到品种的选择。在生产实践中，选择品种主要考虑以下几个方面：

(1)根据所在地的市场需求来选择蛋鸡的品种

市场经济条件下，生产者只有根据市场需要来进行生产，才能获得较好的经济效益，蛋鸡生产也不例外。由于消费习惯不同，有些地区的消费者喜好白壳蛋，有些地区喜好褐壳蛋，而有些地区喜好粉壳蛋、绿壳蛋，所以，应根据本地消费习惯来选择不同类型的品种。如果本地区饲养蛋鸡数量较多，蛋品外销，选择褐壳蛋鸡品种比较好，因为褐壳蛋鸡的蛋壳质量好，适宜运输。小鸡蛋受欢迎的地区或鸡蛋以枚计价销售的地区，选择体型小、蛋重小的鸡种；以重量计价或喜欢大鸡蛋的地区，选择蛋重大的鸡种。淘汰鸡价格高或喜欢大型淘汰鸡的地区，选择褐壳蛋鸡更有效益。

(2)饲养条件

在环境控制能力强的条件下，可以选择产蛋性状特别突出的品种，因为良好稳定的环境可以保证高产鸡的性能发挥。也可以饲养白壳蛋鸡，不仅能高产，而且能节约饲料消耗。炎热地区饲养体型小的蛋鸡品种，有利于降低热应激对生产的不良影响。因为体型小的鸡种产热量少，抗热应激能力强；寒冷地区选择体型大的褐壳蛋鸡品种，有利于降低冷应激对生产的不良影响。如果鸡场环境不安静，噪声大，应激因素多的情况下，应选择褐壳蛋鸡品种，因为褐壳蛋鸡性情温顺，适应能力强，对应激敏感性低。如果饲养经验不丰富，饲养管理技术水平低，最好选择易于饲养管理的褐壳或粉壳蛋鸡品种。

(3)品种实际表现

在选购良种时，应当选择当地饲养量大、生产表现好的鸡种饲养，不要盲目选择新的品种。一些新的品种，资料介绍得非常优秀，但实践中的表现不一定优秀，有的甚至不如过去饲养的优良品种。所以，不要一见有新的品种就引进，把自己的养鸡场变成检验品种性能的试验场。

在选择品种时，要特别注意料蛋比，在产蛋量大致相同的情况下，要选择料蛋比小的品种。如一种是料蛋比 2.4∶1 的品种，也就是 1.2 千克饲料产出 500 克鸡蛋，另一种是料蛋比 2∶1 的品种，也就是 1 千克饲料产出 500 克鸡蛋。相比之下第二个品种就比第一个品种每产出 500 克鸡蛋就省了 0.2 千克料，那么一个产蛋季下来节省的饲料可就相当可观了。

(4)根据自己养殖水平来确定品种

白壳蛋鸡体型较小，采食少，产蛋量大，但其蛋重较小，抗应激能力差，胆小怕人，容易啄肛、啄羽。褐壳蛋鸡体型较大，蛋重较大，蛋的破损率较低，抗应激能力强，啄羽、啄肛少，死淘率低，但耗料多，不耐热，饲养技术比白壳蛋鸡要求高。

（5）确保雏鸡来源于正规场家

选择雏鸡时要选购有一定饲养规模、饲养管理条件好的厂家的鸡苗。切不可求便宜，购买无种鸡来源、小炕房孵化的鸡苗。同时，对购进的雏鸡，要根据不同周龄，进行科学育雏，精心培育，及时淘汰剔除发育不良的劣质鸡、低产鸡和病弱鸡。

第二招　为蛋鸡提供符合要求的环境条件及设备

1. 鸡场地址选择符合要求

鸡场的地址选择无论是新建场还是利用旧舍改造的，都既要考虑鸡场生产对周围环境的要求，也要尽量避免鸡场产生的气味、污物对周围环境的影响。因鸡场一旦建成(改造完成)，就不容易改变了，所以在建场前要进行全面了解、综合考查。

(1)节省土地

土地的使用应符合当地农牧业区划与布局的要求，以不占用基本农田、节约用地、合理利用废弃地为原则。

(2)地形地貌

平原地区，场地应选地势高燥、平坦、开阔、排水良好和背风向阳的地方，地下水位要低于2米以下。山区应选择稍平缓坡上，坡面向阳，鸡场总坡度不超过25%，建筑区坡度控制在2.5%以内。

土质最好选择含石灰质多的沙质土壤，平时能保持舍内外干燥，雨后能及时排除地面积水。避免在黏土地上建鸡舍，因为黏土土质通透性不好，雨季难以进行舍外作业。另外，在丘陵地区建舍要防止“渗山水”，避免鸡舍潮湿。

(3)交通便利

鸡场的生产与生活所需物质运输量较大，因此选场址时既要考虑交通方便，场内外道路平整，又有利于卫生防疫。若路不好或需新建，在建场时应一并考虑。若交通不便，道路不好，将给生产与管理带来比较大困难，甚至增加成本费用。一般要求距主要公路干线不少于500米，距次级公路应在100～200米以上为好。

(4)水源充足

养殖场要有稳定的水源,水质符合养殖用水要求,水量保证高峰时期和干旱时期的最大需求。能满足每只成年蛋鸡昼夜用水量1.2～1.5千克,每只育成鸡0.5～0.9千克的需要。

(5)环境条件良好

选择的场址远离乡村集镇、居民点、小学校、屠宰场等。距离城市或集镇不少于15千米,与其他家禽场距离在20千米以上,远离工业公害污染区,距居民区应在1千米以上。离大江、大河、山体要有一定的距离,以预防洪水、泥石流、塌方、雪崩等。

(6)电源

鸡场内照明、供水、供温、通风换气等都需要用电,因此鸡场要求电源充足。对于较大型的鸡场,必须具有备用电源,如双线路供电或发电机等。

2. 饲养方式选择合理

因为鸡的产蛋量是随着产蛋年的增加而逐渐减少的,第一个产蛋年的产蛋量最多,第二个产蛋年比第一个产蛋年下降15%～20%,第三年产蛋量再下降15%～20%。因此,商品代蛋鸡养鸡者饲养蛋鸡是一个产蛋年即全部淘汰,再换一批新鸡(即从出壳算起共72周龄、500天)。这种饲养制度不仅能保证鸡群的高产、省劳力、省饲料、设备利用率高,而且还有利于防疫等。但为了保证把蛋鸡的产蛋高峰安排在中秋节前和春节前及鸡蛋产品的周年供应,商品代蛋鸡养殖必须采取两段式或三段式饲养方式。

(1)两段式

大部分鸡场采用此种饲养方式,即1日龄雏鸡在育雏舍内一直养到6周龄,直接转入产蛋鸡舍。

(2)三段式

采用此种饲养方式生产区内有育雏、育成、产蛋 3 种鸡舍，育成鸡舍安排在育雏和产蛋鸡舍之间，按照转群的顺序，便于操作。雏鸡从 6 周龄由育雏舍转入育成舍，饲养至 17 周龄转入产蛋鸡舍。这种饲养方式，适合于鸡的生长发育需要，便于饲养管理。但在冬季，由育雏舍转入育成鸡舍，要注意保温，以防应激诱发呼吸道疾病。

目前，商品蛋鸡的饲养方式无论采用开放式还是封闭式鸡舍育雏期，都采用立体笼养或网上平养，中间留过道形式；育成舍、产蛋舍采用立体笼养方式，笼分为阶梯式与叠层式，其中阶梯式又可分为全阶梯式与半阶梯式等几种。开放式鸡舍的宜两列三走道或三列四走道布局，采用封闭式鸡舍宜三列四走道、四列五走道布局。

笼养蛋鸡除一次性投资比较高外(一般可使用 5～7 年)，占地少，产蛋率和产蛋量高，因限制其活动耗料少，饲料报酬高，有利于防病和管理。另外，笼养蛋鸡管理方便，1 个人可以管理 5000～10000 只鸡，劳动生产率大大提高。笼养鸡的死亡率、淘汰率比较低，蛋壳干净，破损率比较低，这就是笼养方式能普遍推广的主要原因。

3. 鸡场规划布局符合要求

目前，我国蛋鸡养殖采用的“全进全出”(一栋鸡舍饲养同一日龄的鸡，并且同一日龄同时淘汰)，是养鸡生产最基本的疫病防控措施和经营策略，鸡舍饲养一批后，通过对养殖环境进行彻底的清洁消毒，从而阻断微生物向下批传播，使鸡群处于相对洁净的环境中，配套免疫及常规的卫生、消毒措施，保障了规模化、集约化养鸡生产的正常进行。因此，鸡场布局主要分场前区、生产区及隔离区等。

场地规划时，主要考虑人、禽卫生防疫和工作方便，根据场地的地势和当地全年主风向，顺序安排各区。对鸡场进行总平面布置时，主要考虑卫生防疫和工艺流程两大因素。场前区中的生活区应设在全场的上风向和地势较高地段，然后是生产技术管理区。生产区设在这些区的下风向和较低处，但应高于隔离区，并在其上风向。

(1)场前区

包括技术办公室、饲料加工及料库、车库、杂品库、更衣消毒、配电房、宿舍、食堂等，是担负鸡场经营管理和对外联系的场区，应设在与外界联系方便的位置。大门前设车辆消毒池，并设门卫和消毒更衣室(可根据养殖规模相应设置，不必一概而全)。

鸡场的供销运输与外界联系频繁，容易传播疾病，故场外运输应严格与场内运输分开。负责场外运输的车辆严禁进入生产区，其车棚、车库也应设在场前区。

场前区、生产区应加以隔离。外来人员最好限于在此区活动，不得随意进入生产区。

(2)各鸡舍的排列、面积

根据生产鸡群的防疫卫生要求，雏鸡舍应放在上风向，然后是育成鸡舍、产蛋鸡舍。鸡舍间距首先要考虑防疫、排污及防火要求等方面的因素，一般取3～5倍鸡舍高度作为间距即能满足几方面的要求。各个鸡舍的面积可根据产蛋鸡舍的笼位面积往前推算。

两段式饲养各舍面积规划：育雏舍∶产蛋鸡舍＝1∶3。

三段式饲养各舍面积规划：育雏舍∶育成舍∶产蛋鸡舍＝1∶2∶(6～7)。

(3)饲料加工、储藏库

饲料加工储藏库应接近禽舍，交通方便，但又要与禽舍有一定的距离，以利于禽舍的卫生防疫。

(4)隔离区

包括病、死鸡隔离、剖检、化验、处理等房舍和设施、粪便污水处理及贮存设施等，是养鸡场病鸡、粪便等污物集中之处，卫生防疫和环境保护工作的重点，该区应设在全场的下风向和地势最低处，且与其他两区的卫生间距不小于 50 米。

(5)贮粪场

既应考虑鸡粪便于从鸡舍运出，又便于运到场外，并且有一定的贮存空间。

(6)病鸡隔离区

应尽可能与外界隔绝，且其四周围应有天然的或人工的隔离屏障，设单独的通路与出入口。病鸡隔离舍及处理病死鸡的尸坑或焚尸炉等设施，应距离鸡舍 300～500 米，且后者的隔离更应严密。

(7)鸡场的道路

生产区的道路应将净道和污道分开，以利卫生防疫。净道用于生产联系和运送饲料、产品；污道用于运送粪便污物、病畜和死鸡。场外的道路不能与生产区的道路直接相通。场前区与隔离区应分别设有与场外相通的道路。

(8)养鸡场的排水

排水设施是为排出场区雨、雪水，保持场地干燥、卫生的设置。一般可在道路一侧或两侧设明沟，沟壁、沟底可砌砖、石，也可将土夯实做成梯形或三角形断面，再结合绿化护坡，以防塌陷。如果鸡场场地本身坡度较大，也可以采取地面自由排水，但不宜与舍内排水系统的管沟通用。隔离区要有单独的下水道，将污水排至场外的污水处理设施。

(9)鸡场的绿化

绿化不仅可以美化、改善鸡场的自然环境,而且对鸡场的环境保护、促进安全生产、提高生产经济效益有明显的作用。养鸡场的绿化布置要根据不同地段的不同需要种植不同种的树木,以发挥各种林木的功能作用。

4. 鸡舍类型符合要求

目前,蛋鸡舍的建筑类型有开放式、密闭式和卷帘式 3 种。只要饲养管理得当,不管何种类型的鸡舍,同样可以获得高产。但比较神经质类型的蛋鸡在密闭式鸡舍饲养更好一些,这种鸡舍环境安静,鸡群不受外界的刺激,能保持高产、稳产。

(1)开放式鸡舍

又称普通鸡舍,既可饲养雏鸡又可饲养产蛋鸡,是我国目前应用最广的鸡舍类型。由于各地气候条件差异很大,在建筑方面有很大不同,炎热地区修建开放式鸡舍,往往只有简易顶棚而四壁全部敞开的鸡舍;也有三面有墙,南向敞开的鸡舍;最多见的开放式鸡舍是四面均有墙,墙上有窗户(见彩图 1)、排气管和天窗(见彩图 2)。这类鸡舍全部或大部分靠自然通风,自然光照。舍内温度、湿度、光照、通风换气等能根据自然气候变化的规律及其特点,因地制宜地采取相应措施,以减少外界不利因素对鸡的影响。开放式鸡舍的优点是投资少,设备简单,对建材与施工工艺要求不高。

(2)密闭式鸡舍

也叫无窗鸡舍,这种鸡舍除设置应急窗,在断电时临时开窗通风换气以外,平常是封闭的,采用人工光照,机械通风,机械喂料,鸡群处于人工控制的密闭环境之中,受外界干扰少,疾病防治效果好,有利于育雏和育成鸡的生长发育及成年鸡产蛋。但一次性投资大，建筑造价高，光照、通风、降温等都靠电，对电源的依赖性很强，耗电量很高，没有电源保证就不能使用。由于密闭式鸡舍饲养密度很大，夏天能有良好的通风降温设施，很少有热死鸡和产蛋率下降的现象发生。

(3)卷帘式鸡舍

卷帘式鸡舍兼有密闭式和开放式鸡舍的优点，在我国的南、北方无论是高热地区还是寒冷地区都可以采用，主要用于饲养育成鸡或产蛋鸡。鸡舍的屋顶材料采用石棉瓦、铝合金瓦、普通瓦片、玻璃钢瓦，并且采用防漏隔热层处理。这种鸡舍除了在离地面 15 厘米以上建有 50 厘米高的薄墙外，其余全部敞开，在侧墙壁的内层和外层安装隔热卷帘，由机械传动，内层卷帘和外层卷帘可以分别向上及向下卷起或闭合，能在不同的高度开放，达到各种通风要求。夏季炎热可以全部敞开，冬季寒冷可以全部闭合。

5. 鸡舍各部结构符合要求

(1)鸡舍面积

蛋鸡采用笼养方式，饲养量的大小取决于鸡舍的有效饲养面积和采用何种类型的鸡笼。

目前，国内饲养蛋鸡的笼具主要有 390 型、4128 型。390 型笼为 3 层阶梯式，每组可养蛋鸡 90 只；4128 型笼具为 4 层阶梯式，每组可养蛋鸡 128 只。

假设一个养鸡专业户要建一栋饲养量为 8000 只蛋鸡的鸡舍，采用 390 型鸡笼，两列三走道布局(图 2-1、图 2-2)，需要舍宽 7.6 米(粪槽 1.8 米)，舍长 95 米，鸡舍面积为 722 平方米。而同样饲养 8000 只蛋鸡，采用 4128 型鸡笼，两列三走道布局，需要舍宽 8 米，舍长 65 米即可，鸡舍面积为 520 平方米，比 390 型鸡笼少建 200 平方米鸡舍面积，可节约 30%的鸡舍建设费用。如采用同等规模饲养蛋鸡，包括配套设备(不包括 390 型笼具的鸡舍多占用 200 多平方米土地)，用 4128 型笼具比 390 型笼具节约建设资金 17%左右，所以，养殖者宜使用 4128 型蛋鸡笼。

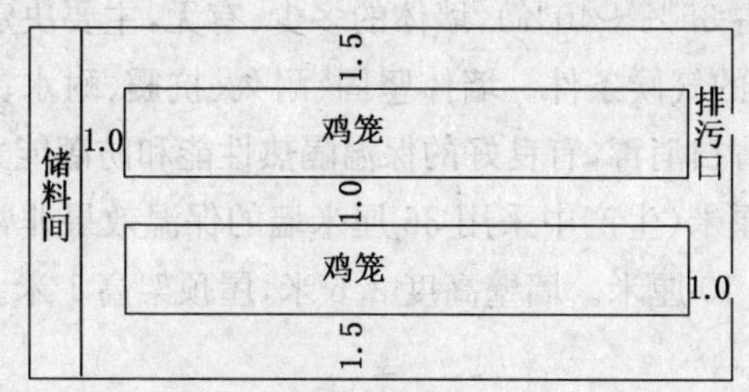

图 2-1　两列三走道式鸡舍平面示意图(单位:米)

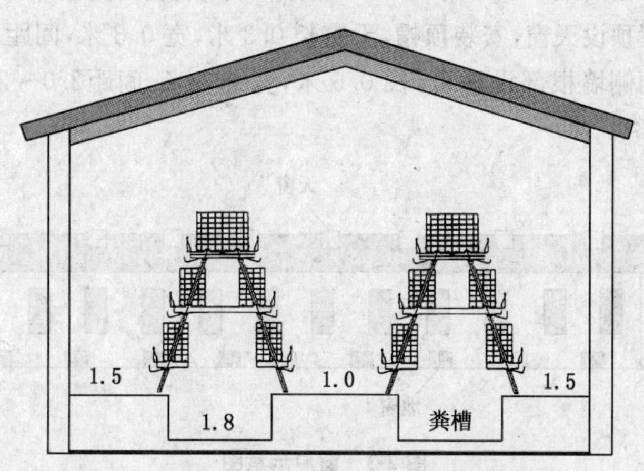

图 2-2　两列三走道式鸡舍剖面示意图(单位:米)

(2)地基

地基指墙突入地面的部分，是墙的延续和支撑，决定了墙和鸡舍的坚固性及稳定性，主要作用是承载重量。地基坚固、抗震、抗冻、耐久，比墙宽 10～15 厘米，深度为 50 厘米左右，根据鸡舍的总荷重、地基的承载力、土层的冻胀程度及地下水情况确定地基的合理深度。

(3)墙壁

墙是鸡舍的主要结构，对舍内的温度、湿度状况保持起重要作用(散热量占 35%～40%)，墙体的多少、有无，主要决定着鸡舍的类型和当地的气候条件。墙体坚固、耐久、抗震、耐水、防火，结构简单，便于清扫消毒，有良好的保温隔热性能和防潮能力。砖砌厚度至少 24 厘米(生产中采用 36 厘米墙的保温效果非常好)，彩钢瓦墙体厚度 10 厘米。墙壁高度 2.6 米，屋顶架高 1 米。在墙壁一侧留排污口。

(4)窗户

中窗间距 1.5 米，长 0.8 米，高 1.0 米；鸡舍两侧墙都设窗户；鸡舍屋顶设天窗，安装顶帽，天窗长 0.3 米，宽 0.3 米，间距 3 米；鸡舍两侧墙根部设地窗，长 0.5 米，宽 0.3 米，间距2.0～2.5 米(图 2-3)。

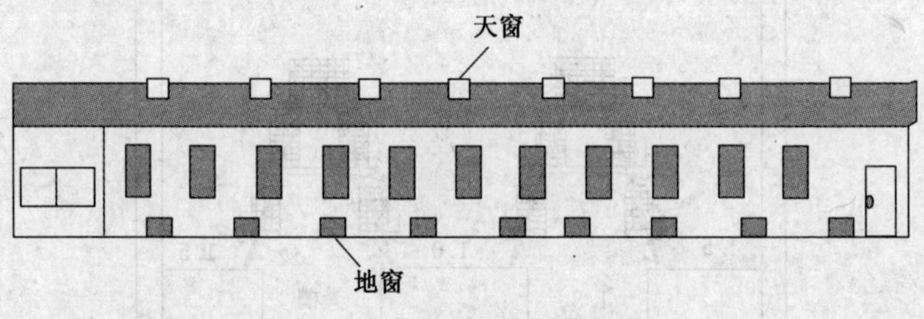

图 2-3　窗户示意图

(5)门

门的大小一般单扇门高 2 米，宽 1 米；两扇门高 2 米，宽 1.6 米左右。

(6)屋顶

屋顶具有防水、防风沙，保温隔热的作用，除跨度不大的小鸡舍用单坡式屋顶外，一般常用双坡式屋顶。

6. 育雏舍设备能满足各方面要求

(1)育雏方式

人工育雏方式大致可分为立体笼式育雏或平面育雏两类。

① 笼育雏:如果育雏舍面积有限且育雏数量较多,可采用立体笼养方式(见彩图3)。立体笼式育雏是将雏鸡饲养在分层的育雏笼内,育雏笼一般4层,采用层叠式,热源可用电热丝、热水管、电灯泡等,也可以采用热风炉或地下烟道等设施来提高室温。

设计时按6周龄时每平方米养30只计算,笼体总高1.5米左右,笼架脚高30厘米,每个单笼的笼长为70～100厘米,笼高30厘米,笼深40～50厘米。底网孔径为1.25厘米×1.25厘米,两层之间有一承粪板,侧网与顶网的孔径为2.5厘米×2.5厘米。笼门设在前面,笼门间隙可调范围为2～3厘米。食槽、水槽置于笼外,一侧为食槽,另一侧为水槽。生产中一般2层中间笼先育雏,随着日龄增长再分至上、下2层。

育雏笼的热源可直接提高室温来供温,也可用热水管或电热丝供温。这种育雏方式有效地利用育雏室的空间,增加育雏数量,充分利用热源,但设备投资费用较多。

② 网床:根据鸡舍的大小,一般每栋鸡舍靠房舍两边摆放2个网床,网床离地面1～1.2米,中间的过道1～1.2米。网上平养一般都用手工操作,有条件的可配备自动供水、给料设备。

网上平养设备一般由竹竿(板)、塑料绳(市场有售)或铁丝搭建,设计面积时按6周龄每平方米养25只计算。

竹竿(板)网上平养网床的搭建是选用2厘米左右粗(宽)的圆竹竿(板),平排钉在木条上,竹竿间距2厘米左右(条板的宽为2.5～5厘米,间隙为2.5厘米),制成竹竿(板)网架床,然后在架床上面铺塑料网,鸡群就可生活在竹竿(板)网床上。

用塑料绳(见彩图4)搭建时,采用6号塑料绳者绳间距4厘米、8号塑料绳者绳间距5厘米，地锚深1米，用紧线器锁紧。

塑料网片宽度有2米、2.5米、3米等规格，长度可根据养殖房舍长度来选择，网眼可直接采用直径为1.25厘米圆形网眼，这样能保证鸡在最小的时候也能在网床上站稳，不会掉下去，也不会刮伤鸡爪，并且省去了以前在育雏时采用大直径网眼上增加小直径网片的麻烦。

网床外缘要建40～50厘米高的围栏，防止鸡从网床上掉下来或者跑掉。

无论是竹竿(板)网上平养网床还是塑料绳网上平养网床架床上面铺设的塑料网都要经常检查，做到无漏洞、无破损现象，鸡群能正常的生活在网床上。

(2)食盘和食槽

雏鸡最初2～3天内采用开食盘(图2-4)，第3天后改用塑料料桶(图2-5)，料桶由上小下大的圆形盛料桶和中央锥形的圆盘状料盘及栅格等组成，可通过吊索调节高度或直接放在网床上，每个桶可供50余只鸡自由采食用。采用饲槽的长度一般为1.0～1.5米，每只鸡占有5厘米左右的槽位。

图 2-4　开食盘

图 2-5　料桶

需要注意的是，料桶容量小，供料次数和供料点多，可刺激食欲，有利于鸡的采食和增重；料桶容量大，可以减少喂料次数和对鸡群的干扰，但由于供料点少，造成采食不均匀，将会影响鸡群的整齐度。

无论何种食盘和食槽都必须干净、卫生。

(3)饮水设备

饮水器应保证鸡只随时都可饮到充足的清洁水，渗漏少，蒸发面积小，有利于控制鸡舍内的湿度，避免疾病传播，同时减少水的消耗。生产中使用的塔形真空饮水器、吊式自动饮水器等要符合要求、干净、卫生，数量合适，工作正常。

① 塔形真空饮水器(图 2-6)：塔形真空饮水器多由尖顶圆桶和直径比圆桶略大的底盘构成。

图 2-6 塔形真空饮水器

图 2-7 吊式自动饮水器

圆桶顶部和侧壁不漏气，基部离底盘高 2.5 厘米处开有 1～2 个小圆孔。利用真空原理使盘内保持一定的水位直至桶内水用完为止。这种饮水器构造简单、使用方便、清洗消毒容易。

塔形真空饮水器的容量为 1～3 升，盘的直径为 160～220 毫米，槽深 25～30 毫米，可供鸡只数量 70～100 只。

② 吊式自动饮水器(图 2-7):吊式自动饮水器形状就像帽沿卷起来的尖帽,为环形水盘。这种饮水设备具有节约饮水、调节灵活、清洁卫生的优点,但投资较大,水箱、限压阀、过滤器等部件必须配好,并严格管理,否则容易漏水。吊式自动饮水器饮水盘直径 260 毫米,饮水盘高度 53 毫米,饮水盘容水量为 1 千克,每个饮水器可供 50～80 只鸡用,饮水器的高度应根据鸡的不同周龄的体高进行调整。

③ 乳头式饮水器:乳头式饮水器(图 2-8)因形状像乳头而得名,当鸡饮水触动顶针,水即流出,饮完后顶针阀即将水路封住,水不再外流。这种饮水器清洁卫生,节约饮水,不要清洗,节省劳力。但是使用这种饮水设备需要一定的水压,投资大。近几年来,乳头饮水器有了很大的改进,由原来的 2 层密封发展为 3 层密封,乳头漏水现象大为减少,有利于鸡舍内地面的干燥,使舍内环境得到很大的改善。

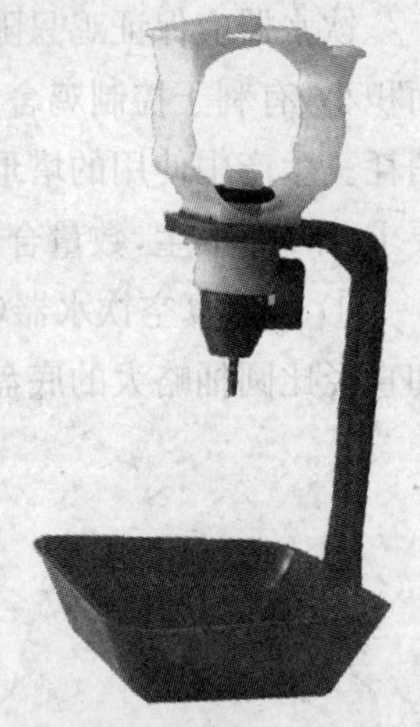

图 2-8 乳头式饮水器

(4)供暖设备

育雏阶段和严冬季节,可以用电热、水暖、气暖、煤炉、热风炉等设备加热达到加热保暖的目的。电热、水暖、气暖比较干净卫生;煤炉加热要注意防止发生煤气中毒事故;热风炉(图 2-9)是集中式采暖的一种,近年来采用较多,多安装在鸡舍内,蒸汽或预热后的空气,通过管道输送到舍内各处。鸡舍采用热风炉采暖,应根据饲养规模

图 2-9 热风炉

确定不同型号，如 210 兆焦热风炉的供暖面积可达 500 平方米，420 兆焦热风炉供暖面积可达 800～1000 平方米。

只要能保证达到所需的温度，因地制宜地采取哪一种供暖设备都是可行的。

(5)通风孔

育雏舍每间设一直径 15 厘米排气孔，棚内长度至少 3 米，且排气孔的两端采用弯头设计，冬季舍内要安装弯头，夏季可以取下。要经常检查保证通风孔无灰尘，通风正常。

(6)地面

雏鸡在育雏舍内时间仅 6 周左右，粪便量不太大，多采用人工清粪方式，要求地面向舍外有一定坡度，以便清洗时污水外流。

(7)清洗消毒设施

鸡场入口处设有人员脚踏消毒池的消毒液按时更换，防疫服、防疫帽、防疫鞋经常清洗。舍内地面、墙面、屋顶及空气的消毒工作按要求进行。

① 人员的清洗、消毒设施：一般在鸡场入口处设有人员脚踏消毒池，外来人员和本场人员在进入场区前都应经过消毒池对鞋进行消毒。同时还要放洗手盆，里面放消毒水，出入鸡舍要消毒洗手，还应备有在鸡舍内穿戴的防疫服、防疫帽、防疫鞋。条件不具备者，可用穿旧的衣服等来代替，清洗干净消毒后专门在鸡舍内穿用。

② 车辆的清洗消毒设施：鸡场的入口处设置车辆消毒设施，主要包括车轮清洗消毒池和车身冲洗喷淋机。

③ 场内清洗、消毒设施：舍内地面、墙面、屋顶及空气的消毒多用喷雾消毒、熏蒸消毒和火焰喷灯消毒。

喷雾消毒采用的喷雾器有背式、手提式、固定式和车式高压消毒器。熏蒸消毒采用熏蒸盆，熏蒸盆最好采用陶瓷盆，切忌用塑料盆，以防火灾发生。火焰喷灯常用来消毒金属笼、食槽、饮水槽。消毒时在某一点不要停留时间过长，以免将物品烧坏。

(8)光照设备

为了节能,饲养雏鸡可用 7 瓦或 9 瓦的节能灯,1～6 日龄用 9 瓦灯泡,7 日龄后用 7 瓦灯泡,平均每平方米 0.8 瓦即可。灯泡应高出鸡笼顶层 50 厘米为宜,确保无光照死角。

(9)干湿温度计

一栋鸡舍内至少悬挂 2 支干湿温度计,且读数准确。

7. 育成、产蛋舍设备能满足养殖需要

(1)地面

育成、产蛋舍目前多采用刮粪机,因此地面除要求采用水泥结构外,要求粪槽宽 1.8 米,前、后过道宽 1.5 米,中间过道宽 1.0 米,粪沟最里边深 20 厘米并向排污口方向有 3°～5°的坡度(见彩图 5),清洗时能保证舍内污水顺利排出。地面和墙裙用水泥硬化,排水通道的防鼠及防止其他动物进入的设施要设置完善。

刮粪机机械组成主要有电动机(最大功率 1.5 千瓦、3 千瓦)、减速器(减速器的减速比一般为 1∶40～1∶60)、刮板(刮板每分钟行走 2～3 米)、钢丝绳或亚麻绳与转向开关等设备。通过各部件配合牵动刮粪板在粪槽内来回移动达到清粪效果。

① 安装要求:可使用 220 伏单相电源,安装示意图见图 2-10。

图 2-10　刮粪机安装示意图

粪槽表面应为水泥(或其他坚硬材料)地面,表面平整光滑,牵引方向(纵向)有 3°～5°的坡度,横向水平度不大于 0.2%,斜度只允许向运动方向倾斜,表面不得有凹坑沟槽。

② 牵引绳(链)的绳轮(链轮)与转角轮沟槽中心线应在同一平面,偏差不大于 10 毫米。

③ 转角轮与绳轮的安装应牢固可靠。

④ 限位清洁器及清洁器与牵引绳中心应对正,牵引绳不得碰磨清洁器与压板中心槽内壁。

⑤ 刮粪板工作时,在整个宽度上刀口应与地面接触良好。刮板起落灵活,无卡碰现象。

⑥ 清粪机空运转时不得有异响声。牵引绳不得有抖动,工作应平稳。

⑦ 安全离合器在允许负荷内,应结合可靠,超过负荷时应能完全分离。

⑧ 往复清粪机相邻两个刮板工作行程的重叠长度应不小于1 米。

⑨ 采用这种方式要注意机件各部位的保养与维修,特别是钢丝绳很容易腐蚀,要经常检查。

此外,还有利用高压水枪的冲力来清粪的。利用高压水枪清粪比较简单而且干净,但需较多量的水,且冲出舍外的鸡粪不便于作为有机肥料使用,容易造成环境的污染。

(2)产蛋笼具

除购买现成的 390 型(见彩图 6)或 4128 型笼具外,也可自行制作。

① 产蛋鸡笼的要求

◎ 使鸡有一定的活动空间,有足够的采食宽度。

◎ 鸡笼底网有一定的弹性,以减少破蛋。

◎ 底网有 8°～10°的倾斜角度,以使产下的蛋能自动滚出笼外，进入集蛋槽内。

◎ 底条间隙，纵向条间距为 2.2～2.5 厘米，横向条间距为 5～6 厘米，这样才能使鸡爪踩在底网上稳固，不会漏蛋，并能使蛋顺利滚出。

◎ 笼条要耐腐蚀、强度好。

◎ 笼的后侧和两侧的隔网间隙的间距以 3 厘米为好，要防止鸡头钻到另一笼内，发生互啄。

② 制作方法

◎ 鸡笼的高度：轻型蛋鸡的正常站立高度为 38～42 厘米，中型蛋鸡为 42～45 厘米。因此，鸡笼通常前高 445～450 毫米，后高 400 毫米。

◎ 笼体深度：为了保证蛋鸡的均匀度，目前商品蛋鸡笼多用浅型笼（图 2-11），笼深一般取 325～350 毫米。

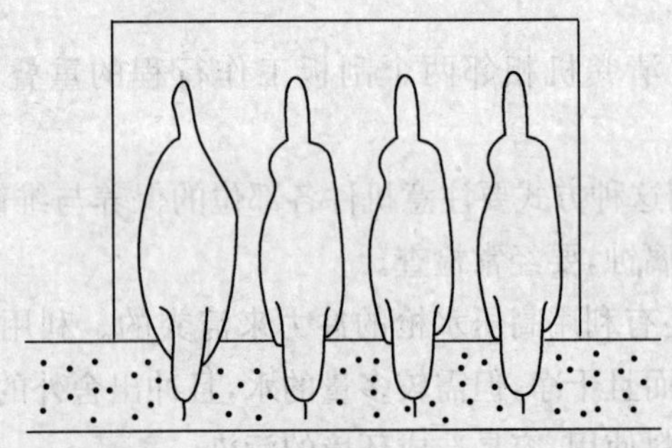

图 2-11　浅型笼平面示意图

◎ 蛋鸡笼底网的滚蛋角：一般选用 8°～10°角。

◎ 集蛋槽：与底网连在一起，伸出前网 12～16 厘米。

◎ 笼宽：依每笼养鸡只数而定，每只蛋鸡采食需宽 100～110 毫米，若以 2 只鸡为单元时，则笼宽为 250 毫米，3 只鸡笼宽 300 毫米，4～5 只鸡笼宽 420～450 毫米。

◎ 前网：前网的主要结构参数是纵向钢丝的间距，要求鸡头能伸缩自如，但不能跑鸡。

◎ 侧网和后网：可用直径 2～2.5 毫米、间距 3 厘米的网片。

◎ 底网：底网承受每笼鸡的重量，网面又应有一定弹性，免得把蛋碰破。宜用直径 2.5～3 毫米，纵向条间距为 2.2～2.5 厘米，横向条间距为 5～6 厘米的网片。

◎ 笼门：一般用直径 3 毫米金属丝焊成垂直栏栅，间距 50～60 毫米。笼门高 400 毫米，其下缘距底网 45 毫米处，留出滚蛋空隙，或在离下缘 50 毫米处加设护蛋板，倾斜伸入笼内，防止蛋被鸡啄食。

③ 蛋鸡笼组装：将单个鸡笼组装成为笼组具有多种形式，应根据本场的具体情况（鸡舍面积、饲养密度、机械化程度、管理情况、通风及光照情况），组装成不同的形式。

◎ 叠层式（图 2-12）：可分为框架式和立柱式两种，其特点能充分利用空间，饲养密度高；舍内要求机械化程度完善可靠，通风换气与光照等要求也比较高，底板有承粪板。

图 2-12　叠层式鸡笼示意图

◎ 全阶梯式(图 2-13):有三层或四层的,由 4～6 个小笼排列成"品"字形。其特点是鸡笼无重叠现象,食槽、水槽均设在每列鸡笼的两侧,鸡笼四周空间大,有利于通风和采光。

图 2-13 全阶梯式鸡笼示意图

◎ 半阶梯式:两笼上、下垂直重叠约 1/4～1/2,重叠部分下设有倾斜承粪板。在单位建筑面积内,比全阶梯式蛋用鸡笼饲养密度高。

◎ 阶梯叠层综合式:亦称混合型或两叠一错型。一般为三层,下两层各为重叠型,上层为单层,小笼排列相当于"品"字形。

选用各种类型时,应配合建筑形式,并应考虑饲养密度、除粪和通风换气设施三者间的关系。

(3)育成鸡笼

育成鸡笼又称青年鸡笼,主要用于饲养青年母鸡,因此不需要集蛋槽及相应的设计。组合形式多采用三层重叠式,总体宽度为 1.6～1.7 米,高度为 1.7～1.8 米。单笼长 80 厘米,高 40 厘米,深 42 厘米。笼底网孔 4 厘米×2 厘米,其余网孔均为 2.5 厘米×2.5 厘米。笼门尺寸为 14 厘米×15 厘米,每个单笼可容育成鸡

7～15只。

(4)喂料设备

笼养育成鸡和产蛋鸡主要使用长的通槽(图2-14),槽长根据鸡笼长度而定,其槽断面多为"凵"字形、"U"字形或"V"字形。一般上口宽25厘米,深10厘米,上口两边有2厘米的槽檐。食槽的深浅合适,不能造成较多的饲料浪费。

图2-14　料槽

(5)饮水设备

笼养育成鸡和产蛋鸡,若以一个或两个笼子为一供水单元,可采用杯式或乳头式饮水器,若以一排笼子为一供水单元,则采用槽式饮水器。

无论采用何种饮水形式,都要工作正常,无跑、冒、渗、漏现象发生,无影响鸡只饮不到水的情况出现。

① 槽式饮水器:这是目前许多鸡场常用的一种饮水器,深度为50～60毫米,上口宽50毫米。有"V"形和"U"形水槽。"V"形

水槽多是金属镀锌铁皮制成,"U"形水槽可用塑料制成,易于清刷,防止腐蚀。供水方式有的采用长流水;有的用浮球阀控制水箱的水位,水箱与水槽相通,使水槽保持一定的水量。此种饮水器制作简单,成本较低,但耗水量较大,容易受污染,需定期清洗,过长的水槽又不容易调整水平,水槽与水槽之间的胶管容易被异物阻塞。

② 杯式饮水器:由杯壳、阀杆、触发板、阀帽等构成,如同一只小水杯与小管相连。平时触板上留有一点水,在鸡喙触动触板时,通过阀杆等联动机构将阀门打开,水流入杯内,借助水的浮力使触板复原,水即停止流出。使用杯式饮水器,必须注意水的清洁和具有合适的水压,因此在饮水器主管道的前端应设过滤器和减压设备。如果水中混有杂物,则会造成阀帽关闭不严,水压过高时,阀帽不容易推开;水压过低时,阀帽又不容易密闭,造成溢水。

③ 乳头式饮水器:用乳头饮水系统,饮水系统长度不超过76米,绝大多数都能够运转良好;若鸡舍长超过120米时,应将供水系统安置于鸡舍中央部位,将乳头饮水系统分成两部分供水,一般情况下1个乳头可供8～12只饮水器。

(6)光照设备

鸡舍内安装灯泡应以7～9瓦节能灯为宜,一般灯高2米,灯距3米。鸡舍内若安装两排以上灯泡,应交叉排列,靠墙的灯泡同墙的距离,应为灯泡间距的一半,还应注意随时更换破损灯泡,每周将灯泡擦拭1次,以使鸡舍内保持适宜的亮度。

(7)通风设备

开放式鸡舍主要采用自然通风,利用中窗、地窗和天窗的开关来调节通风量,当外界风速较大或内外温差大时通风较为有效,而在夏季闷热天气时,自然通风效果不佳,需要机械通风予以补充。开放式鸡舍如果用卷帘代替窗户,夏天通过提升卷帘形成扫地窗,通风效果良好,但冬季严寒的地区不宜采用。

密闭鸡舍必须采用机械通风，以解决换气和夏季降温的问题。机械通风有送气式和排气式 2 种：送气式通风是用通风机向鸡舍内强行送新鲜空气，使舍内形成正压，将污浊空气排走；排气式通风是用通风机将鸡舍内的污浊空气强行抽出，使舍内形成负压，新鲜空气便由进气孔进入鸡舍。通风机械的种类和型号很多，可以根据实际情况选购。过去密闭式鸡舍多采用横向通风，由一侧进风，另一侧排气。近年来，有些鸡场采用纵向通风，结果证明其通风效果更好，在高温季节对降温的效果更为明显。

(8)断喙工具或鸡眼镜

为了防止各种啄癖的发生和减少饲料浪费，可对蛋鸡采取断喙或戴眼镜方式。断喙专用工具市售的有电热脚踏式和电热电动式断喙器(图 2-15)。此外，还有电热断喙剪、电烙铁等。

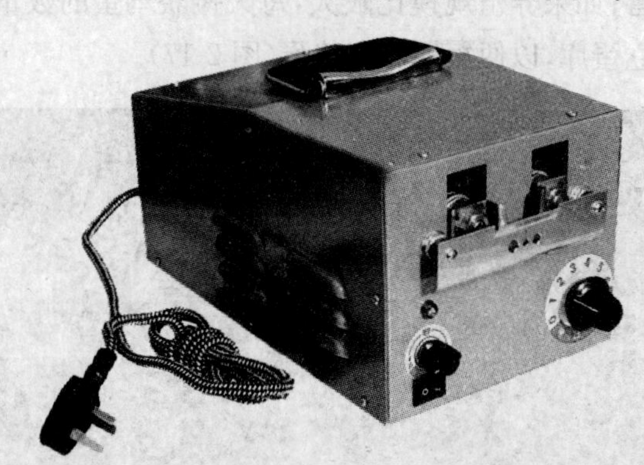

图 2-15 电热电动式断喙器

鸡眼镜(图 2-16)是近几年在生产中应用的新技术，分为有栓和无栓 2 种。鸡戴上眼镜后，不能正常平视，只能斜视和看下方，能有效防止饲养在一起的蛋鸡相互打架，相互啄毛，能大大降低死亡率，减少饲料浪费。

采用给鸡戴眼镜方式的，眼镜大小要合适。

图 2-16 鸡眼镜

8. 蛋库能满足短期储蛋要求

蛋库用于短期存放鸡蛋，要求有良好的通风条件以及良好的保温和隔热降温性能。如果养殖规模较小，可不用单建蛋库，鸡蛋可及时销售；如果养殖规模比较大，每天捡获鸡蛋的数量比较多，则需要设立蛋库，以便短期储存鸡蛋(图 2-17)。

图 2-17 蛋库中的鸡蛋

实验表明，温度在 2～5℃的情况下，鸡蛋的保质期是 40 天，而冬季室内常温下保质期为 15 天，夏季室内常温下为 10 天，鸡蛋超过保质期其新鲜程度和营养成分都会受到一定的影响。如果存放时间过久，鸡蛋会因细菌侵入而变质，出现粘壳、散黄等现象。因此，要根据销售情况和室内面积足够在蛋高峰期放置蛋箱来建设蛋库的大小，但作为周年供应，要建设冷库储存鸡蛋以获取更高的利润。建设蛋库时要有防止蚊、蝇、鼠和鸟的进入的设施。

第三招　准备的饲料营养搭配合理

1. 掌握笼养蛋鸡的营养需求

每种饲料所含的营养物质成分复杂多样，各饲料品种间的营养物质大多是量上的差异，要保证笼养蛋鸡的生理需要量就得进行选料搭配日粮，某种营养成分过多或过少都不可取。某种营养物质多了就会发生不同程度的中毒，少了就会出现缺乏症，都会影响鸡的健康和生产力。

（1）水

鸡体内含水量为50%～60%，主要分布于体液（如血液、淋巴液）、肌肉等组织中。水是鸡生长、产蛋所必需的营养素，对鸡体内正常的物质代谢有着特殊的作用。它是各种营养物质的溶剂，鸡体内各种营养物质的消化、吸收，代谢废物的排出、血液循环、体温调节等离不开水。但鸡的胃持水能力有限，为使蛋鸡保持良好的生产性能，必须持续不断地供给新鲜饮水。饮水不足，导致蛋鸡对饲料的消化吸收不良，血液浓稠，体温上升，生长和产蛋均受到影响，而且粪尿中的水分也会显著下降，甚至造成脱水。研究表明，当鸡体水分损失量占体重的1%～2%时，就会明显影响食欲，尤其不愿进食干饲料。采食量的下降进而影响鸡的生长发育，随着缺水程度的进一步加重，蛋鸡失水增多，可导致其完全停食，消化机能衰退甚至完全丧失，免疫能力和抗病能力也会减弱。若长时间持续缺水，可导致鸡体内水分大幅度下降；若体内水分丧失8%～10%，就会引起生长代谢紊乱，导致死亡。通过实验发现，蛋鸡缺水24小时，产蛋率下降30%，若之后补充足够饮水，仍需25～30天才能恢复之前的生产性能；缺水36小时以上时，蛋鸡的死亡率明显升高；若经过更长时期的缺水(36～40 小时)后恢复供水，可能会引起酒醉综合征，并导致死亡。

鸡的饮水量依季节、年龄、产蛋水平而异，当气温高、产蛋率高时饮水量增加，当限制饲养时饮水量也增加。一般来说，成鸡的饮水量约为采食量的 1.6 倍，雏鸡的比例更大些。在环境因素中，温度对饮水量影响最大，当气温高于 20℃时，饮水量开始增加，35℃时饮水量约为 20℃时的 1.5 倍，0～20℃时饮水量变化不大。

(2)能量与蛋白质

在鸡的日粮中，蛋白质是构成生命活动的物质基础，也是构成体器官、繁衍、免疫的物质。如果所含的代谢能与粗蛋白质的比例不适当，日粮中的能量过高，就会影响到鸡对蛋白质的摄入，从而影响产蛋量。如果日粮中蛋白质过高，不仅浪费也会造成鸡消化不良。过剩的蛋白质在消化道内发酵，随着粪便排出，增加了鸡舍内空气中氨的浓度，影响舍内的空气卫生。日粮中蛋白质含量增高的同时，缺乏多种维生素和矿物质，则破坏了体内新陈代谢，增加了尿酸盐的分泌，尿酸盐刺激泄殖腔黏膜引起炎症，当细菌感染时引起泄殖腔黏膜的溃疡和坏死，是引起脱肛和啄肛的主要原因。能量或蛋白质过多都会增加肝脏的负担，造成肝损伤，如脂肪肝、肥胖症等代谢病。如果日粮中能量过低或粗纤维过多，由于胃承受有限，就会导致采食能量不足，影响生长或生产。粗纤维过少就会减弱对胃肠的刺激，影响肠蠕动，对消化也不利。因此，在育成鸡(9～20 周龄)饲料粗蛋白含量不应超过 14.5%；开产初期(21 周龄左右)饲料中粗蛋白的含量必须由当时蛋鸡日采食量而定，这一阶段每一只蛋鸡每天必须保证摄入 19.6 克的粗蛋白。因此，当每羽蛋鸡每日采食 100 克时，其饲料粗蛋白含量应达 19.6%，而当采食量升至 120 克时，其饲料粗蛋白含量便应降到 16.5%的水平，才能将初产蛋鸡的产蛋率迅速推向高峰。42 周龄后蛋鸡对粗蛋白的每日需要量将下降到 17.8 克。随着产蛋率的自然下降每日采食量的增加,蛋鸡饲料中粗蛋白含量应降到15%左右。有的饲养户误以为产蛋率的下降是由于饲料中粗蛋白含量不够,就提高饲料粗蛋白含量,其结果不仅影响鸡群健康,而且加大了养鸡成本。

(3)矿物质

矿物质在笼养鸡日粮中尤为重要,它是机体各器官组织的重要组成成分,有的还是构成酶的活性基因的物质,对于物质代谢、动物的生命活动起着重要作用。笼养鸡由于脱离了地面不能随意采食地面上的含矿物质的东西,日粮就更需要全价,注意对矿物质的补充。在鸡的日粮中如果缺少钙、磷或钙与磷不平衡,就会造成鸡的骨质软化症、产软壳蛋,容易发生笼养鸡的疲劳综合征。日粮中钙过多不仅会造成钙、磷比例失调,也需要增加锌的供给量,因为钙过多会影响锌的吸收。铜虽然能促进对铁的吸收,但是日粮中铜过量,由于对吸收点的竞争,会影响对铁的吸收及对硫、锰、锌等的吸收,就会造成铁、锰、锌等的缺乏症。表现出抑制生长、肌肉营养障碍、肌胃肌肉糜烂、死亡。同样,其中的某种元素过多都会影响对其他元素的吸收而造成某种元素的缺乏症,表现出贫血、生长受阻、关节肿大、滑腱、皮毛生长等不良病症。此外,钡、铁、硫、硒、碘、氟、铅、汞等元素过多,还会出现中毒症状。

要特别注意的是,饲料中添加食盐一定要适量。食盐是由氯和钠两种元素构成,其中氯吸收后再经胃壁分泌到胃中生成胃酸,对食物的消化,尤其是使蛋白质水解,形成蛋白酶活动的适宜环境。缺乏蛋白酶就会食欲不振、消化不良、产生异嗜和叼啄恶癖,使鸡的生产力降低。钠是维持体液平衡的重要离子,过多会使平衡失调。食盐中毒就是鸡体液平衡失调,使细胞内水分渗出,轻者造成腹泻,消化道损伤;重者还会引起脱水,造成死亡。所以,在往饲料中加食盐时一定要注意鱼粉饲料中食盐的含量。不足时可再适量补加,绝对不能盲目补加,以免造成不可弥补的经济损失。

(4)维生素

维生素在日粮中是必不可少的重要营养物质，有的是参与动物代谢活性物质辅酶的成分，它对提高饲料转化率和机体各器官的功能起着重要作用。某种维生素缺乏，就会使机体的某个代谢过程中的某个环节发生障碍，而使以后的代谢过程受阻。表现出消化能力降低、生长、生产受阻、饲料转化率降低(B族维生素缺乏)、羽毛生长受阻、运动失调、失明(维生素A缺乏)、脑软化、渗出性素质(维生素E缺乏)、脂肪沉积(胆碱缺乏)、骨质软化(维生素D缺乏)、免疫机能低下等。同样，在日粮中，某种维生素过多不仅会造成浪费，而且增加了养殖成本，有时也会引起中毒。

蛋鸡每千克饲料中维生素A的适宜含量为4000国际单位，当投喂量超过饲养标准时，即可引起母鸡维生素A过多症发生，表现为精神抑郁或惊厥，采食量下降，严重时不吃食，羽毛脱落；蛋鸡每千克饲料中维生素D的适宜含量为500国际单位，当投喂量超过饲养标准时，可使大量钙从蛋鸡骨组织中转移出来，并促进钙在胃肠道内的吸收，使血钙浓度增高，钙沉积于动脉管壁、关节、肾小管、心脏及其他软组织中，临床表现为食欲减退、腹泻，肾脏结石，蛋鸡常常死于尿毒症；蛋鸡每千克饲料中维生素E的适宜含量为5国际单位，投喂过量时，会引起蛋鸡脂肪代谢障碍，导致过肥或中毒死亡；蛋鸡每千克饲料中维生素K的适宜含量为0.5毫克，投喂过量时，因其刺激胃肠黏膜发炎，鸡表现为食欲锐减、下痢，导致产蛋量下降，严重时停产。

维生素B_{12}是在盲肠内合成的，在鸡体内具有重要的生理作用。由于鸡盲肠后段的肠道短，合成的维生素B_{12}大部分不能吸收，都随着粪便排出。动物性饲料如鱼粉中维生素B_{12}含量较多，所以笼养鸡，尤其是无鱼粉日粮中，必须注意对维生素B_{12}的补充。

2. 掌握饲料选择的依据

(1)分阶段选择饲料

不同饲养阶段的营养配比对养殖效益有影响,育雏体重、育成阶段均匀度、开产体重等是产蛋鸡生产性能的基础,因此,选择饲料配方时要与生长阶段相一致。在实际生产中有些养鸡户和专业户长时间地利用一个配方配制的饲料喂鸡,不知道按生长阶段及其机体生理需要更换饲料。这样,有时饲料中的营养成分不能满足鸡生长发育和产蛋的需要,影响其生长发育和产蛋。有时饲料中的营养成分过剩,鸡机体不能充分利用,增高饲养成本的同时,产蛋量却反而下降。要想获得养鸡的高效益,要根据鸡的生长阶段和产蛋期更换饲料配方,做到饲料配方与生长阶段一致,才能充分发挥鸡本身的生产性能和饲料作用,促进鸡的生长和产蛋,提高饲料报酬,降低饲养成本,获得比较高的经济效益。

(2)选择标准

很多养殖户把颜色作为判断饲料好坏的标准是错误的。实际上,色泽与饲料的内在品质关系不大,利用的是饲料的营养价值。所以应该根据营养指标判断饲料的好坏,最主要的是根据鸡只的产蛋率、蛋重、高峰持续时间、淘汰率、料蛋比、采食量、均匀度等生产性能来判断。

(3)选择厂家

可购买实力雄厚,信誉度高的厂家各生长期的饲料,这样的厂家对养殖户的经济效益有更好的保障。养殖者也可自配饲料。

3. 自配饲料要采用合理的配方

(1)雏鸡(1～6 周龄)自配饲料参考配方

① 玉米 62%,麸皮 10%,豆饼 17%,鱼粉 9%,骨粉 2%。

② 玉米 60%,高粱 4%,麦麸 6%,豆饼 15%,花生饼 3%,棉

籽饼 2%，血粉 3%，鱼粉 5%，贝壳粉 1%，骨粉 0.7%，食盐 0.3%。

③ 玉米 57.5%，麸皮 12%，豆饼 20.7%，进口鱼粉 5%，槐叶粉 2%，骨粉 2.5%，食盐 0.3%。

④ 玉米 60%，麸皮 5.4%，大豆饼 24%，血粉 4%，槐叶粉 2%，骨粉 2.5%，黄沙 0.5%，无机盐添加剂 0.2%，食盐 0.4%，复合添加剂 1%。

⑤ 玉米 37%，小麦 30.1%，豌豆 4%，蚕豆 3%，菜籽饼 4%，鱼粉 5%，血粉 1.5%，肝渣 1.5%，蚕蛹 11%，磷酸氢钙 2%，添加剂 0.5%，食盐 0.4%。

⑥ 玉米 64.9%，麸皮 4.1%，豆饼 16.2%，棉籽饼 10%，骨粉 1.5%，石粉 1%，添加剂 2%，食盐 0.3%。

(2)育成鸡(6～17 周龄) 自配饲料参考配方

① 玉米 66%，豆饼 18%，葵花籽粕 11%，鱼粉 3%，骨粉 1.5%，食盐 0.5%。

② 玉米 61%，高粱 6%，大麦 12%，豆饼 10%，鱼粉 3%，贝壳粉 0.7%，槐叶粉 5%，骨粉 2%，食盐 0.3%。

③ 玉米 54.2%，高粱 8%，大麦 10%，麸皮 11%，豆饼 7.5%，进口鱼粉 5.5%，骨粉 1.5%，石粉 1%，复合添加剂 1%，食盐 0.3%。

④ 玉米 52.7%，高粱 4%，麦麸 4%，豆饼 20%，棉籽饼 4%，花生饼 4%，鱼粉 4%，槐叶粉 3.5%，骨粉 3.5%，食盐 0.3%。

⑤ 玉米 53.2%，高粱 10%，大麦 5%，麸皮 10%，豆饼 6%，鱼粉 3%，槐叶粉 10%，骨粉 2%，蛎粉 0.5%，食盐 0.3%。

⑥ 玉米 55.1%，麸皮 21%，豆饼 19%，骨粉 2.5%，血粉 0.8%，虾粉 1%，无机盐 0.2%，食盐 0.4%。

(3)产蛋前期自配饲料参考配方

① 玉米 56%，杂粮 10%，麸皮 6%，豆饼 17%，鱼粉 5%，贝粉

3%,清石子 3%(蛋氨酸 0.1%,食盐 0.4%)。

② 玉米 65%,大麦 5%,麦麸 15%,豆饼 7%,棉籽饼 2%,鱼粉 2%,贝壳粉 1.7%,骨粉 2%,食盐 0.3%。

③ 玉米 67%,麸皮 7.8%,豆饼 11%,亚麻籽饼 10%,苜蓿草粉 2%,骨粉 1%,石粉 1%,食盐 0.2%。

(4)产蛋高峰期自配饲料参考配方

① 玉米 64%,麸皮 3%,豆饼 17.2%,槐叶粉 2%,鱼粉 2.5%,血粉 4.8%,骨粉 2%,贝壳粉 4.5%。

② 玉米 64%,麸皮 2%,豆饼 13.25%,葵花籽饼 10%,骨粉 2.5%,石粉 8%,食盐 0.25%。

③ 玉米 64.8%,麸皮 0.5%,豆饼 15%,亚麻籽饼 10%,苜蓿草粉 1%,骨粉 1%,石灰石粉 7.5%,食盐 0.2%。

④ 玉米 66.4%,麸皮 4%,豆饼 9.3%,亚麻籽饼 10%,苜蓿粉 2%,骨粉 1%,石粉 7%,食盐 0.3%。

⑤ 玉米 64.2%,麸皮 0.5%,豆饼 15%,亚麻籽饼 10.5%,苜蓿草粉 1%,骨粉 1%,石灰石粉 7.5%,食盐 0.3%。

⑥ 玉米 68%,麸皮 6%,豆饼 8%,鱼粉 10%,骨粉 2%,贝粉 6%。

⑦ 玉米 63.65%,麸皮 1%,胡麻籽饼 3%,黄豆 25%,贝壳粉 5%,磷酸氢钙 2%,食盐 0.35%。

(5)产蛋后期自配饲料参考配方

① 玉米 74.6%,豆饼 10.56%,苜蓿草粉 4%,鱼粉 2.5%,肉骨粉 1%,石粉 5.44%,磷酸氢钙 1.5%,食盐 0.4%。

② 玉米 70%,麸皮 12%,豆饼 3%,槐叶粉 12%,骨粉 2.6%,食盐 0.4%。

4. 不要误入蛋鸡饲料使用误区

（1）育雏料使用误区

① 饲喂肉雏鸡料:有的蛋鸡养殖户用肉雏鸡料饲喂 0～14 日龄蛋雏鸡,这是不科学的。

肉雏鸡料蛋白高、能量高,是针对快速生长肉鸡品种设计的,如果用在蛋雏鸡阶段会使心血管发育系统不适应,也不利于蛋鸡育成阶段的体型发育,还会发生营养代谢疾病。

② 蛋雏鸡料和肉雏鸡料掺半使用:有的养殖户将蛋雏鸡料和肉雏鸡料掺半使用,这样也存在许多问题。

蛋雏鸡料和肉雏鸡料的药物使用种类是不一样的,掺半使用会造成药物的剂量不够,达不到预防疾病促进生长的效果,等于没用药。不仅发病率高,也影响长势,降低均匀度。也可能出现肉雏鸡料和蛋雏鸡料药物使用上的配伍禁忌,产生副作用。

③ 换料早:育雏期对氨基酸、能量、维生素、微量元素的需要较高,使用育成料就会缺乏营养,甚至产生应激,严重影响蛋鸡生产性能的发挥。由于雏鸡料贵,养殖户为了节约饲料成本,有时只使用 3～4 周就换成育成料。育雏料粗蛋白 20%,赖氨酸 1%左右,蛋氨酸 0.45%左右,而育成料粗蛋白 15%～16%,赖氨酸 0.7%,蛋氨酸 0.35%左右。维生素和微量元素在育成料和育雏料也相差很大。如果过早换成育成料,满足不了育雏期的营养需要。因此,1～10 日龄要使用高档雏鸡开口料,11 日龄至 6 周龄使用雏鸡颗粒配合饲料。严格按照使用阶段使用优质雏鸡开口料和雏鸡配合饲料,就能培育出体质强健的雏鸡,保证 6 周龄体重达标。

（2）忽视育成料

有的养殖户认为育成蛋鸡又不产蛋,用料好坏都一样,就用低质量的便宜料。其实育成期是保证鸡均匀度高的重要时期,保证育成期的营养供给，才能达到育成期的培育目标。

育成期末标准：一是开产时的标准体重和标准体型；二是均匀度高；三是抗体水平高，免疫力高；四是合理的性成熟和体成熟，适时开产。因此，育成期要使用高档次育成料，体重均匀度与产蛋量呈正相关，均匀度越高，产蛋量越大。鸡的生长早期对氨基酸比较敏感，在育成后期能量的影响更大一些，如果蛋白质摄入不足，将会产生体型小，胫骨短的育成鸡。10 周龄体重不达标，均匀度差，就培育不出高产蛋鸡，致使高峰期不高，持续时间又短。高档育成料在蛋白质营养、能量等方面进行了合理的设计，在与前期育雏料的衔接、与后期预产料的衔接、原料使用等方面都考虑很全面，为培育高质量、高均匀度的后备鸡提供保障。

(3)盲目使用添加剂

有的养殖户随意添加多种维生素、微量元素，这样既增加了养殖成本，又造成一些不良反应。添加剂不是使用的越多越好，各种阶段的蛋鸡料都添加了足够量的维生素和微量元素即可。如果养殖过程中再添加，就会添加过量，导致各成分的不平衡，产生腿病、软壳蛋等现象，使生产性能下降。因此，正常情况下不用额外使用维生素和微量元素，发生应激时、免疫前必须要补充维生素。最好是单独使用维生素 C，或者电解多种维生素。

(4)行情不好时降低饲料使用的档次

很多养殖户为了节约养殖成本，在行情不好的时候使用便宜饲料。调查中发现，坚持用优质饲料的养殖户，产蛋率高达 90%以上，蛋重大，料蛋比低，基本处于保本和微利状态；而使用低质量饲料时料蛋比高，高峰持续时间短，用药成本高，死淘率也高，处于赔钱状态。因此，饲料质量的好坏，不能仅看短时间的蛋重和产蛋率，而是要看鸡的健康状态、料蛋比、高峰维持时间、总产蛋量等。选择好的品牌的蛋鸡饲料，才能保证鸡的健康状态，达到最大的产蛋量才是不赔钱的根本道理。

5. 减少笼养蛋鸡饲料浪费的措施

养鸡最大的一笔开支就是饲料，饲料的费用支出约占整个养鸡费用的60%～70%。若饲养管理不当，必然会造成饲料的大量浪费。但调查中发现，因饲料添加过多造成浪费的占5%～6%，饲槽设计安装不科学浪费饲料的占10%～12%，鼠、雀和虫食约占7%，鸡采食流失占5%左右。因此，要减少饲料消耗，需要切实注意以下几点：

(1)减少直接浪费

① 购买合格的料槽：过小、过大、外檐过窄、接头密封不严等大小和结构不合理的料槽会造成掉料、漏料。因此，要从正规厂家购买合格的料槽，料槽的深度一般应达到10厘米，槽内侧有2厘米宽的檐。

② 放置适宜的高度：料槽放置的位置过高，会影响鸡的采食，放置过低，则鸡容易拨弄饲料造成浪费。所以，料槽放置的高度要适宜，以其上檐高出鸡背2厘米为准。

③ 控制饲料投量：据统计，投料时一次加满料槽浪费15%，加到料槽深度的2/3浪费12%，加到料槽深度的1/2浪费5%，加到料槽深度的1/3浪费2%以下。因而，要严格控制饲料投量，一次给料量不能超过料槽深度的1/3。

④ 加强水槽管理：水槽漏水、水平度不够、饲养员刷洗水槽等，均会使水槽内的水流入食槽，引起饲料潮湿霉变。因此，要加强对水槽的管理，最好采用乳头式饮水器供水。

⑤ 适时进行断喙：断喙除了能防止鸡的啄癖发生外，还能有效地减少饲料浪费，但断喙过早或过晚均达不到预期的目的，故应适时进行，一般情况下，应在7～10日龄左右进行。到12周龄左右，对断喙不良者需要进行修喙。

⑥ 及时淘汰劣质鸡和低产鸡：在育成结束转入产蛋舍时，应

进行一次淘汰。凡发育不良、太小、太肥、有病、精神不振的均应淘汰。

在产蛋过程中，鸡群里会不断出现弱小鸡、病残鸡、停产鸡等劣质鸡和低产蛋，所以要及时淘汰。劣质鸡既消耗饲料又不产蛋，会降低经济效益。一只不产蛋鸡会白白消耗掉 5～10 只产蛋鸡的利润，一只低产鸡能消耗掉 3～5 只产蛋鸡的利润。因此，饲养中要经常淘汰弱小鸡和病残鸡，产蛋高峰期要淘汰尚未开产的鸡。这样鸡的总数虽有所减少，但饲料消耗减少了，经济效益会相应的提高。

⑦ 科学保存饲料：饲料保存不当，容易生虫、霉变和被鼠鸟偷食，从而造成浪费，所以要科学保管；应将饲料装入袋中放置在室内离地面 20 厘米高的木架上；储存室内应通风、清洁、干燥，相对湿度不高于 60%；在通风口和门窗上安装纱网以防麻雀等鸟与老鼠进入；保存期不要超过 2 个月。

(2)减少间接浪费

① 使用优质饲料：能量、蛋白质等营养成分的不足、缺乏或比例失衡，常常使鸡只的生产力下降，间接地造成饲料浪费。但是，使用优质的全价配合饲料，能够充分地满足鸡只生长、发育和产蛋的需要，使饲料的转化效率达到最高。

② 定期补喂沙粒：由于鸡没有牙齿，坚硬的食物进入胃内要借助于胃蠕动和沙粒的作用磨碎，而饲料中不含沙粒，如果平时不定期喂给沙粒，则饲料的消化率将降低 3%～10%。所以，要给鸡定期补喂沙粒，一般每周 1 次，每次每只 5 克(直径 4～5 毫米)。

③ 保持舍温适宜：鸡舍温度过高或过低，均会导致鸡体的代谢率升高，使饲料养分的消耗增加，造成饲料浪费。因此，要采取各种有效措调节鸡舍温度，使其保持在 13～25℃。

④ 保证光照合理：蛋鸡光照时间太长、强度过大，饲料消耗就会增加；光照时间太短、强度过小，又不利于产蛋。所以，要制定合

理的光照制度，保证产蛋鸡每天有16～17小时的光照时间和每平方米3瓦的光照强度。

⑤ 搞好防疫驱虫：鸡病的发生，会直接影响鸡的生育和产蛋，间接地造成饲料浪费。因此，要通过制定科学的防疫计划，适时地进行接种、定期地使用驱虫药物等措施，认真地搞好鸡只的免疫接种和驱虫保健工作。

⑥ 科学配制蛋鸡日粮，提高饲料利用率：饲料配方不科学，一是日粮营养不全面，导致有的营养成分过多而浪费，过少而营养不足，从而影响产蛋率；二是容易加大饲料配方成本，不能因地制宜随时调配当地饲料原料；三是不能满足不同产蛋季节对能量和各种营养物质的需要，如夏季饲料配方的代射能要比冬季配方低，否则不仅浪费饲料，而且影响鸡的新陈代谢和采食率。因此，采取科学的日粮配方是提高饲料报酬的一条重要措施。

⑦ 使用替代料：蛋白质饲料尤其是鱼粉的价格较高，用一些廉价的昆虫、蚯蚓、当地的小鱼虾、肉类加工的副产品、鱼的下脚料、粉渣、糖渣、豆腐渣、酒糟等，经适当加工调制后替代部分蛋白质饲料喂鸡，可大大降低饲料成本。

⑧ 使用饲料添加剂：使用添加剂可以提高蛋白质饲料的利用率，亦有利于降低饲料成本。在一般饲料中添加0.1%的蛋氨酸，可使饲料蛋白质的利用率提高2%～3%；添加赖氨酸，可减少饲料粗蛋白质用量的3%～4%；添加维生素B_{12}和喹乙醇等饲料添加剂，也能提高饲料粗蛋白质的利用率。

⑨ 添喂维生素C：在每吨鸡饲料中添加50克维生素C，可使产蛋率提高10%以上，节省饲料15%以上。

⑩ 控制母鸡体重：母鸡体重越大，采食饲料就越多，因此应严格控制母鸡体重，尽量使其符合标准体重，特别是在母鸡产蛋高峰期过后，应及时调整饲料配方和饲喂量，防止母鸡过肥。

6. 合理添加提高蛋鸡产蛋率的饲料

这里首先需要说明的是，添加一种饲料可增加产蛋量百分之多少，再多添加几种就能累计增加产蛋量，这是不科学的。因为鸡产蛋能力是有限的，不可能无限的增长，多添加几种可能只比添加一种多增加百分之零点几，因此，在生产实践中，要根据原料的易得程度，合理试验选择。

(1)添喂血粉

血粉按 3%～4%的比例加入饲料中，可使鸡的产蛋量提高 8%。

(2)添喂豆浆水

用 0.7 千克黄豆粉，加 3 千克水制成豆浆饲喂 100 只蛋鸡，每天上、下午各喂 1 次，可提高产蛋率 5%左右。

(3)添喂蚯蚓

饲料中加入 4%～8%的蚯蚓粉，可提高产蛋率 10%左右，且可减少饲料 18%左右。

(4)添喂蜂蜜

每天每只鸡喂 2 克蜂蜜，用水稀释后分早、晚 2 次拌在饲料中饲喂，可提高产蛋率 10%左右。

(5)添喂胡萝卜

在蛋鸡日粮中加入 10%～20%的胡萝卜，可使产蛋率提高 3%～5%。

(6)添喂松针粉

松针中含有丰富的维生素 A、维生素 B、维生素 C、维生素 D，粉碎后添加在饲料中喂鸡，可使鸡的产蛋率提高 3%。

(7)添喂绿萍

把适量的绿萍加到饲料中，可提高产蛋率 10%左右。

(8)添喂羽毛粉

饲料中加入 3%～5%的羽毛粉，可提高产蛋率 10%左右。

(9)添喂酵母粉

饲料中加入2%～3%的酵母粉，可提高产蛋率5%～15%。

(10)添喂茶水

先用开水浸泡茶叶0.5～1小时，然后兑水给蛋鸡饮用，可提高产蛋量5%～8%。或在100克饲料中拌入3～5克碎茶叶，同样可增加蛋鸡的产蛋量。

(11)添喂泡桐叶粉

蛋鸡饲料中添加3%的泡桐叶粉，可提高产蛋率6%，且蛋壳质量提高，蛋黄颜色明显变黄，提高商品价值。

(12)添喂西瓜皮

西瓜皮中含有较多的糖分、多种维生素、蛋白质和矿物质等。在炎热的夏季用西瓜皮喂蛋鸡，不仅可预防蛋鸡中暑，而且还可提高蛋鸡的产蛋率。据有关资料和试验表明，每只蛋鸡每天加喂50～100克切碎的西瓜皮，1个月后，可提高产蛋率5.2%，平均蛋重增加0.2克，经济效益提高14.9%。

(13)添喂芹菜

每天每只鸡喂芹菜50克，分3次掺入日粮中饲喂，可提高产蛋率1%～2%。

(14)添喂辣椒

在鸡饲料内加入1%的红辣椒粉，并加入少许植物油喂鸡，可提高产蛋率8%。

(15)添喂维生素C

据试验，高温季节在蛋鸡日粮中添加0.02%维生素C，可提高产蛋率11%。

(16)添喂蛋壳粉

可将蛋壳粉碎或捣碎，经常适量加入鸡饲料中，可提高产蛋率10%左右。

(17)添喂小苏打

在日粮中添加0.30%~1%小苏打,可提高产蛋率5%~10%,蛋壳硬度增加。

(18)添喂雪水

雪水中含有氮化物,给鸡直接喂服雪水或拌料饲喂,可提高产蛋率5%。

(19)添喂花生壳粉

在鸡饲料中加入3%~5%的花生壳粉,可提高产蛋率5%。

(20)添喂干艾粉

将1.5%~2%的干艾粉拌入饲料中喂鸡,月余后可增加产蛋率5%~10%。

(21)添喂冷水

炎热季节,让产蛋鸡饮用冷水,能刺激食欲,增加采食,可提高产蛋率12%左右。

(22)添喂芳香物质

在母鸡产蛋期的饲料中均匀地加入10%左右的芳香植物饲料,如葱、蒜、姜、韭菜、芹菜等,可提高鸡的产蛋率10%。

7. 合理地贮藏饲料,以减少浪费

(1)预防饲料发霉

饲料发生霉变,严重影响鸡只生长及生产,甚至导致死亡,给养殖者带来较大的经济损失,因此采取有效的防霉去毒措施,对于促进鸡只健康发展、提供安全绿色产品、实现养殖经济效益最大化具有重要的现实意义。

对于饲料的霉变,必须提前做好预防工作,即以预防为主,以去毒为辅,尽可能让饲料不发生霉变,具体要做到以下几点:

① 控制水分,低温储藏:饲料在储藏过程中的高温、高湿环

境，是引起饲料发热霉变的主要原因。因为高温、高湿不仅可以激发脂肪酶、淀粉酶、蛋白酶等水解酶的活性，加快饲料中营养成分的分解速度，同时还能促进微生物、储粮害虫等有害生物的繁殖和生长，发出大量的湿热，导致饲料发热霉变。

实验证明，15℃以下，害虫呈不活动状态，高温性和中温性微生物的生长受抑制；低于8℃，害虫呈麻痹状态，很少有微生物生长。饲料的含水量降至13%以下时，即使在较高的温度下储藏也鲜有虫霉孳生。因此，在常温仓房内储存饲料，一般要求相对湿度在70%以下，饲料的水分含量不应超过12.5%；如果把环境温度控制在15℃以下，相对湿度在80%以下，长期储藏也是有可能的。

② 添加防霉剂：饲料用防霉剂是指能降低饲料中微生物的数量、控制微生物的代谢和生长、抑制霉菌毒素的产生、预防饲料储存期营养成分的损失、防止饲料发霉变质并延长储存时间的饲料添加剂。国内使用的防霉剂较为普遍的是苯甲酸及其钠盐（使用量不超过0.1%）、富马酸及其酯类（一般使用量在0.2%左右）、丙酸及其盐类、脱氢乙酸（使用量为0.05%左右），还有将上述防霉剂按一定比例混合而成的复合型防霉剂，例如美国产的克霉霸等。在饲料中使用防霉剂要注意剂量，剂量过高不仅会影响饲料原有的味道和适口性，还会引起动物急、慢性中毒和药物超限量残留。另外，防霉剂本身的溶解度、饲料储藏环境及饲料污染程度等，都会影响到防霉剂的作用效果。因此，可根据环境和饲料水分含量等实际情况灵活使用防霉剂。例如，在秋、冬季干燥凉爽的低温季节，饲料水分在11%以下，一般无需使用防霉剂，水分在12%以上就应使用防霉剂；如果饲料含水比较高，且逢高温、高湿季节，应适当加大防霉剂的用量，以确保较好的防霉效果。

③ 使用防霉包装袋：饲料防霉包装袋可保证所包装的饲料长期不发生霉变。

④ 灭虫防鼠：利用机械或化学防治等方法灭虫防鼠，减少因

虫害或鼠咬损伤饲料颗粒而引起的霉变。

(2)饲料的合理贮藏

① 玉米贮藏:玉米主要是散装贮藏,一般立筒仓都是散装。立筒仓虽然贮藏时间不长,但因玉米厚度高达几十米,水分应控制在14%以下,以防发热。不是立即使用的玉米,可以入低温库贮藏或通风贮藏。若是玉米粉,因其空隙小,透气性差,导热性不良,不容易贮藏。如水分含量稍高,则容易结块、发霉、变苦。因此,刚粉碎的玉米应立即通风降温,装袋码垛不宜过高,最好码成"井"字垛,便于散热,及时检查,及时翻垛,一般应采用玉米籽实贮藏,需配料时再粉碎。

其他籽实类饲料贮藏与玉米相仿。

② 饼粕贮藏:饼粕类由于本身缺乏细胞膜的保护作用。营养物质外露,很容易感染虫、菌。因此,保管时要特别注意防虫、防潮和防霉。入库前可使用磷化铝熏蒸,用敌百虫、林丹粉灭虫消毒。仓底铺垫也要彻底做好,最好用砻糠做垫底材料。垫糠要干燥压实,厚度不少于20厘米,同时要严格控制水分,最好控制在5%左右。

③ 麦麸贮藏:麦麸破碎疏松,孔隙度较面粉大,吸潮性强,含脂量多(多达5%),因而很容易酸败、霉变和生虫,特别是夏季高温潮湿季节更容易霉变。贮藏麦麸在4个月以上,酸败就会加快。新出机的麦麸应把温度降至10~15℃再入库贮藏,在贮藏期要勤检查,防止结露、吸潮、生霉和生虫。一般贮藏期不宜超过3个月。

④ 米糠贮藏:米糠脂肪含量高,导热不良,吸湿性强,极容易发热酸败,贮藏时应避免踩压,入库时米糠要勤检查、勤翻、勤倒,注意通风降温。米糠贮藏稳定性比麦麸还差,不宜长期贮藏,要及时推陈贮新,避免损失。

⑤ 叶粉的贮存:叶粉要用塑料袋或麻袋包装,防止阳光中紫外线对叶绿素和维生素的破坏。另外,贮存场所应保持清洁、干

燥、通风，以防吸湿结块。在良好的贮存条件下，针叶粉可保存2～6个月。

⑥ 配合饲料的贮藏：配合饲料中70%以上是玉米或大麦、小麦等谷物类能量物质，这些原料经过粉碎后，霉菌容易在其中大量繁殖，使饲料变质甚至引起禽畜中毒。常用的米糠、鱼粉、饼粕、肉骨粉、蚕蛹粉等原料脂肪含量很高，储藏不当，容易引起酸败变质。添加进的维生素等，也极容易氧化变质，降低饲用价值。因此，对加工出来的配合饲料，必须妥善储藏。配合饲料在储藏中要存放在低温、干燥、避光和清洁的地方，应根据饲料产品说明书上所规定的有效期，决定推陈贮新时间。配合型的颗粒状饲料储藏期一般为1～3个月；粉状配合饲料的储藏期不宜超过10天；浓缩粉状饲料一般加入了适量抗氧化剂，储藏期为3～4周；添加剂预混饲料一般加入抗氧化剂后，储藏期可达3～6个月。

(3)饲料去毒措施

对轻度发霉的饲料，去毒处理后应与其他饲料混合使用，禁止作为主要饲料饲喂。对于严重霉变的饲料，因处理成本过高，应全部废弃。

① 清水浸泡法(主要适用于籽实饲料)：一是将霉变颗粒和水按一定比例混合、搅拌、静置、浸泡一段时间，适当揉搓颗粒，捞出在通风处晾干。二是将籽实颗粒磨成1.5～4.5毫米的颗粒，然后加3～4倍的水，搅拌、静置、浸泡30分钟左右，反复几次，然后将有毒成分或菌体代谢物滤去。

② 蔗糖水去毒法：将霉变后的饼类饲料，如花生饼、糠饼、菜籽饼等，加工打碎，用1%的蔗糖溶液浸泡10～14小时，然后用清水冲洗，放在晒场晒干即可。

③ 氨水去毒法：此方法主要适用于糠麸类饲料。每千克霉变饲料中加氨水12.5～17.5克，在大容器中搅拌均匀后，用塑料布将容器口封严，置于室温下3～7天即可去毒。饲料开封后，应该

让饲料的氨气挥发 24～36 小时方可使用。大豆粉的去毒方法是在相对湿度为 50%的情况下，添加 2%的尿素，密封 10 小时。

④ 黏土或沸石处理：常用的方法是在饲料中添加 0.5%的黏土或沸石。

⑤ 发酵中和去毒法：将发霉的饲料用清水湿润，拌匀，使含水量达到 50%～60%，做成堆，让其自然发酵 24 小时，然后加草木灰 2%拌匀，中和 2 小时后，装于袋中，用水冲洗，滤去草木灰水，倒出后加糠麸 1 倍，在室温下发酵 7 小时。

⑥ 石灰水去毒法：将霉变饲料放入 10%的纯净石灰水中浸泡 3 天，再用清水洗净，晒干后即可。

⑦ 小苏打去毒法：将 50 千克霉变饲料倒入锅内，加 1%小苏打液 100 千克，先用猛火煮沸，然后再用微火煮到颗粒开裂后半小时停火冷却，捞出后用清水反复冲净即可。

⑧ 蒸煮去毒法：将发霉饲料放入锅中，加水煮沸 30 分钟或蒸煮 1 小时，然后用清水清洗几次，去掉水分即可。

⑨ 吸附去毒法：使用霉菌吸附剂可有效去除毒素，较好的吸附剂有百安明、霉可脱、霉消安-1、抗敌霉、霉可吸等。

第四招　根据计算好的进雏时间选购健康的雏鸡

1. 算好获得鸡蛋最大的利润进雏时间

商品代蛋鸡养殖是雏鸡从出壳算起共 72 周龄、500 天左右，过了产蛋高峰期后也就淘汰掉了，然后再换一批新鸡。那么什么时间进雏鸡最合算，就有一定的技巧了。

多年的养鸡经验告诉我们，一年中有两个时段鸡蛋的行情最好，一个是八月十五日中秋节前，一个是春节前。因为这两个时间，鸡蛋的市场需求量大，鸡蛋的价格也比平时高。但蛋鸡产蛋有一个规律，就是产蛋率是由低到高，再由高到低，中间的高峰期不仅产蛋多，而且蛋的质量最好，所以要想获得最大的利润就要把产蛋的高峰安排在中秋节前和春节前。根据蛋鸡的产蛋周期往前推算，蛋鸡 150 天左右的时候性成熟，之后开始产蛋，180 天进入产蛋的高峰期，这个高峰期一般能持续 3 个多月，如果要以八月十五日作为高峰期的峰值，那七月十五日就必须进入产蛋高峰，从七月十五日往前推 180 天，正好是农历正月十五日，也就说，正月里进鸡苗，到八月十五日的时候，鸡正好是产蛋高峰。同样的道理，农历 5 月份进的鸡苗，产蛋高峰正好能赶上春节。

2. 确保雏鸡来源可靠

饲养蛋鸡，一般养殖者的雏鸡大多靠外购，而购入雏鸡的好与坏，对育雏的效果影响很大，并直接影响生产效益的高低。为提高育雏成活率，买雏鸡时必须严把质量关，进行严格挑选，确保种源可靠、鸡种纯正和雏鸡健康，切不可贪图便宜购进不健康的雏鸡。

(1)预订雏鸡

种鸡场饲养管理不当与防疫工作较差，必然会带来许多母源性疾病，因此要从管理正规、品种纯正又无患过传染病的种鸡场提前 45 天预订雏鸡。正规的种鸡场应具有相关部门颁发的《种畜禽生产经营许可证》以及《动物防疫合格证》等资质证明。

(2)生产代次必须正确

养商品蛋鸡，以产蛋为最终目的，必须是选纯父母代鸡杂交提供的商品代雏鸡。不能买父母代鸡继续繁殖的所谓延续代鸡所提供的雏鸡，更不能买商品代鸡留种而繁殖的所谓“商品二代鸡”，否则鸡产蛋量一定不高，导致经济效益低，甚至亏本。

3. 做好育雏前的各项准备工作

根据与雏鸡孵化厂预定的大约到雏时间，按预定计划提前做好各项准备工作。

(1)育雏用品的准备

育雏要准备好保温设备、开食盘、饮水器、水桶、料桶、温湿度计、扫帚、清粪工具、消毒用具、燃料、资金、育雏记录表等。另外，根据实际情况添置需要的用具。

(2)育雏室维修与检查

无论是初次育雏的育雏室，还是循环育雏的育雏室，在进雏鸡 10～15 天前都要对育雏室的门窗、屋顶、墙壁、地面等进行检查和维修，堵塞门窗缝隙、鼠洞，特别注意防止贼风吹入。根据育雏方式检修育雏的网床或育雏笼有无破损等。

养鸡全程必须保证水线供水正常，不漏水、不堵塞、无污染。如果管线漏水，就会导致舍内湿度增加，在高温情况下鸡粪混杂着饲料迅速发酵产生氨气，过高浓度的氨气会损伤雏鸡呼吸道黏膜，呼吸道黏膜是抵御外邪入侵的第一道屏障，一旦损毁，雏鸡就完全暴露在充满病原的环境中，最终导致感染。因此，在进鸡前彻底清理水线，擦拭水杯，检查乳头安装和漏水情况。

(3)彻底消毒

进雏前 7 天对育雏室进行消毒，凡进入育雏室的喂食、饮水等有关饲养用具也应同步消毒。

① 清扫：清扫屋顶、四周墙壁、地面以及设备内外的灰尘等。

② 冲洗：冲洗前先关掉电源，将不防水灯头用塑料布包严，然后冲洗舍内所有的表面（地面、四壁、屋顶、门窗等），网床或育雏笼，各种用具（如饮水器、盛料器、盛粪盘等）。冲洗最好使用高压水枪，如使用其他冲洗设备应多洗一两遍，冲洗后保证舍内任何物体表面都要冲洗到无脏物附着。对铁质的笼具要用火焰喷枪灼烧。

③ 药物消毒：消毒时将所有门窗关闭，以便门窗表面能喷上消毒液。选用广谱、高效、稳定性好的消毒剂，如用 0.1%新洁尔灭，0.3%～0.5%过氧乙酸、0.2%次氯酸等喷雾鸡笼、墙壁，用 1%～3%烧碱或 10%～20%石灰水泼洒地面，用 0.1%新洁尔灭或 0.1%百毒杀浸泡塑料盛料器与饮水器（最后用清水冲洗干净、晾干备用）。鸡舍周围同时进行药物消毒。

④ 熏蒸消毒：清扫、冲洗消毒完成以后，将饮水器和开食盘（一个直径 30 厘米的开食盘供 30～50 只雏鸡开食，每 1000 只雏鸡至少需要 20 个 2 升的真空饮水器）以及育雏所用的各种工具放入舍内，然后关闭门窗，进行熏蒸消毒。

目前，鸡舍熏蒸消毒的常用药物有两种：一是用福尔马林消毒，按每立方米空间用高锰酸钾 21 克、福尔马林 42 毫升熏蒸消毒，或福尔马林 30 毫升加等量水喷洒消毒，密闭熏蒸 24～48 小时，消毒效果较好（陶瓷盆在棚舍中间走道，每隔 10 米放 1 个；瓷盆内先放入高锰酸钾，然后倒入甲醛；从离门最远端依次开始；速度要快，出门后立即把门封严；如湿度不够，可向地面和墙壁喷水）。二是用主要原料为二氯异氰尿酸钠的烟熏，利用二氯异氰尿酸钠在高温下产生二氧化氯和新生态氧，利用二氧化氯的强氧化能力，将菌体蛋白质氧化，从而达到杀死细菌、病毒、芽孢等病原微生物的作用。2 天后打开门窗、通气孔和排风扇，彻底排除多余熏蒸气体。

(4)饲料准备

根据雏鸡的营养需要及生理特点，在进雏前2～3 天要准备好开食饲料和 3 天后饲喂的全价饲料。开食所用的饲料，各地并不一样，北方地区习惯用小米或玉米碎粒，南方各地则用碎大米，而很多鸡场已趋向于用粉状饲料作为开食饲料。理想的开食饲料应该兼有颜色鲜明易见，呈小粒状便于采食，适口性强，容易消化而营养丰富等特点。

1 日龄每只采食 3～4 克的量准备，2 日龄每只每天能吃 6～7 克的料，按 4 日开始每天增加 2 克的量准备好 1 星期的饲料，育雏的前 6 周内，每只雏鸡约消耗 1.2～1.5 千克饲料，因此要备好充足的全价饲料，最好用小颗粒料(鸡花料)。

(5)育雏舍的预热和试温

在进雏前 1～2 天，安装好灯泡，整理好供暖设备(如红外线灯泡、煤炉、烟道、热风炉等)，然后，把育雏温度调到需要达到的温度、湿度(要求室温 33～35℃，空气相对湿度 65%～70%)，观察室内温度是否均匀、平稳，加热器的控制元件是否灵敏，温度计的指示是否正确，供水是否可靠。

试温时温度计的放置，育雏笼应放在最上层和第三层之间，网床育雏应挂在离床面 5 厘米高的位置。

(6)疫苗

根据蛋鸡的推荐免疫程序事先准备好常用疫苗，及抗应激药物(如电解质液和多种维生素)等。

下面推荐的免疫程序，各地可根据本地实际情况选用（可先购买7日内的免疫药物，以后的根据免疫程序提前准备）。

1日龄：预防马立克病，用马立克病双价苗。使用方法为颈部皮下注射0.2毫升。用单价苗或发病严重鸡场，可用2次免疫方法，即在10日龄重复免疫1次，可明显降低发病率。

7日龄：预防新城疫，用Ⅳ系苗。使用方法为滴鼻。

11日龄：预防传染性支气管炎，用传染性支气管炎H120。使用方法为滴口、滴鼻。

14日龄：预防法氏囊炎，用中毒株疫苗（法倍灵）。使用方法为滴口。

18日龄：预防传染性支气管炎，用呼吸型、肾型、腺胃型传染性支气管炎油乳剂灭活苗0.3毫升。使用方法为肌内注射。

22日龄：预防法氏囊炎，用中毒株法氏囊炎疫苗（法倍灵）。使用方法为饮水给予。

27日龄：预防新城疫、鸡痘，同时用活疫苗与灭活苗。使用方法是新城疫活苗2头份饮水，新城疫油乳剂苗0.2毫升肌内注射。在接种新城疫苗同时用鸡痘苗于翅膀下穿刺接种。

50日龄：预防传染性喉气管炎（没有发生的鸡场不用），用鸡传染性喉气管炎活疫苗。使用方法为滴鼻、滴口、滴眼。

60日龄：预防新城疫、传染性支气管炎，用新城疫-传染性支气管炎油乳剂灭活苗（小二联）0.5毫升。使用方法为肌内注射。

90日龄：预防大肠杆菌病，用鸡大肠杆菌灭活苗1毫升。使用方法为肌内注射。

120日龄：预防新城疫、鸡传染性支气管炎、减蛋综合征，用新城疫-传支-减蛋综合征油乳剂灭活苗（大三联）0.5毫升。使用方法为肌内注射。

蛋鸡开产后，每隔2个月新城疫克隆30-H120，3～4倍量饮水给予。

(7)药品及添加剂的准备

为了预防雏鸡发生疾病,应用药物预防也是增强机体抵抗力和防治疾病的有效措施,尤其是对尚无有效疫苗可用,或免疫效果不理想的细菌病,如鸡白痢、鸡大肠杆菌病、鸡败血霉形体病和鸡球虫病等,在一定条件下采用药物预防,可收到显著的效果。消毒药如煤酚皂、紫药水、新洁尔灭、烧碱、高锰酸钾、甲醛等;用以防治白痢病、球虫病的药物如呋头孢沙星、"立竿见影"、百球清、强效球毙妥等;添加剂有速溶多种维生素、电解多种维生素、口服补液盐、维生素 C 和葡萄糖等。

下面是推荐的药物预防参考程序,各地可根据本地实际情况选用。

1~3 日龄:预防脐炎、鸡白痢、大肠杆菌病、非典病毒类病超前感染。用头孢沙星饮水。

4~10 日龄:预防脐炎、鸡白痢、大肠杆菌病。用禽用"立竿见影"饮水。

11~30 日龄:预防球虫病。用百球清饮水,如果出现较严重黄便,则用强效球毙妥饮水。

30~70 日龄:不采用连续用药,而是环境因素(下雨天预防大肠杆菌病、小肠球虫病,上午禽用"立竿见影"饮水,下午用强效球毙妥饮水;气温骤然下降预防呼吸道病,用美支原饮水;暑天预防中暑,每天中午最热时,用藿香正气水或十滴水饮水 2 小时)、应激因素(更换饲料,预防大肠杆菌病,用禽用"立竿见影"饮水)、个别患病情况适当用药,主要预防大肠杆菌病、肠毒综合征、小肠球虫病、呼吸道病。

90 日龄左右:预防防体内寄生虫,在早晨用丙硫咪唑或左旋咪唑拌料少量 1 次喂服,1000 克鸡用量 1 片丙硫咪唑,7 天后再体内驱虫 1 次。

100 日龄左右:预防体表寄生虫,在中午气温比较高(阳光充足）时，用灭虱精或除癞灵对鸡深部喷雾。方法是将药水按比例稀释装入小喷雾器，一人戴长胶手套抓鸡，一只手从鸡肛门处到鸡头部逆毛刮起，一人拿喷雾器顺着逆毛从后向前喷雾，要求药水必须达到毛根处，喷雾完成后，将所有鸡应赶出外面晒干羽毛。7 天以后再进行 1 次体表驱虫。

120 日龄以后产蛋鸡：不采用连续用药，而是环境因素、应激因素、个别患病情况适当用药。其方案与 70～120 日龄中、大鸡方案在用药方面略有不同。

◎ 预防输卵管炎：每隔 15 天预防 1 次输卵管炎。用卵管康泰饮水。

◎ 防止营养性缺乏：补维生素是每 3 天补充用电解多种维生素饮水，每天投喂 1 次青绿饲草；补钙、磷是多加入一些黄豆大的沙粒，或加入煤炭，让鸡自由采食。补氨基酸是增加炒黄豆或豆粕、鱼粉等蛋白质饲料的比例。

◎ 下雨天：预防大肠杆菌病、鸡白痢，用硫酸黏杆菌素饮水。

◎ 气温下降：预防呼吸道病，用强力霉素饮水。

◎ 暑天：预防中暑，用冰雪维生素 C 饮水，严重的鸡用仁丹灌服。

◎ 驱体内寄生虫：鸡懒抱时，对懒抱的鸡进行个别驱虫，用丙硫咪唑 2 片 1 次灌服。

（8）记录本

准备好育雏记录本及记录表，记录出雏日期、存养数、日耗料量、鸡只死亡数、用药及疫苗接种情况，以及体重称测和发育情况等。

（9）其他

准备好连续注射器、滴管、刺种针、断喙器等。

4. 选好雏鸡，为以后打下良好的基础

准备工作全都符合要求后，即可与孵化厂联系接雏。

雏鸡为 21 天准时出壳的为好，一般来说，从第一只雏鸡出壳后，8 小时以内出壳的雏都为健康雏；8 小时以后出壳的，不如前批雏的身体健康；最后出壳的雏鸡，群众称“扫滩雏”，多是先天营养不良，成活率比较低；有的是人工剥壳后才出来雏，放保温箱中抚育，虽有少数可以成活，但其体质比较差，成活率极低，即使勉强成活，生长速度也极为缓慢。因此，选择健康雏鸡是育雏成功的首要工作（图 4-1）。

图 4-1　选雏

（1）外观

雏鸡毛色羽速均匀一致，大小差异不大，品种纯正。健雏表现活泼好动，无畸形和伤残，反应灵敏，叫声响亮，眼睛圆睁。而伏地不动，没有反应，腹部过大过小、脐部有血痂或有血线者则为弱雏。

（2）绒毛

健雏绒毛丰满，有光泽，干净无污染。绒毛有粘着的则为弱雏。

(3)手握感觉

健雏手握时,绒毛松软饱满,挣扎有力,触摸腹部大小适中、柔软有弹性。

(4)卵黄吸收和脐部愈合情况

健雏卵黄吸收良好,腹部不大、柔软,脐部愈合良好、干燥,上有绒毛覆盖。而弱雏表现脐孔大,有脐疔,卵黄囊外露,无绒毛覆盖。

(5)体重

鸡出壳重应在 35～42 克,同一品种大小均匀一致。

5. 做好雌雄鉴别,减少公鸡混入率

因为蛋鸡生产的需要,对初生雏鸡进行雌雄鉴别非常重要。首先可以节省饲料,其次可以节省鸡舍、设备、劳动力和各种饲养费用,同时可以提高母雏的成活率、均匀度。初生雏鸡雌雄鉴别的方法主要有肛门鉴别法、器械鉴别法、伴性遗传鉴别法等。

(1)肛门鉴别法

肛门鉴别法是利用翻开雏鸡肛门观察雏鸡生殖隆起的形态来鉴别雌雄的方法,这种方法的准确率可达到 96%～100%,使用相当广泛。

雏鸡出壳后 12 小时左右是鉴别的最佳时间,因为这时公母雏生殖突起形态相差最为显著,雏鸡腹部充实,容易开张肛门,此时雏鸡也最容易抓握;过晚实行翻肛鉴别,生殖突起常起变化,区别有一定难度,并且肛门也不易张开。鉴别时间最迟不要超过出壳后 24 小时。

运用肛门鉴别法进行鉴别雏鸡雌雄的操作手法是由抓握雏鸡、排粪翻肛、鉴别放雏 3 个步骤组成。

① 抓雏、握雏:雏鸡抓握的手法有两种,即夹握法和团握法。

◎ 夹握法：将雏鸡抓起，然后使雏鸡头部向左侧迅速移至左手；雏鸡背部贴掌心，肛门向上，使雏鸡颈部夹在中指与无名指之间，双翅夹在示指与中指之间，无名指与小拇指弯曲，将鸡两爪夹在掌面。

◎ 团握法：左手朝鸡雏运动方向，掌心贴着雏鸡背部将其抓起，使雏鸡肛门朝上团握在手中。

② 排粪、翻肛、鉴别：在鉴别雏鸡之前，必须将粪便排出。用左手大拇指轻压雏鸡腹部左侧髋骨下缘，使粪便排出。粪便排出后，左手拇指(左手握雏)从排粪时的位置移至雏鸡肛门的左侧，左手示指弯曲贴在雏鸡的背侧；同时将右手示指放在肛门右侧，右手拇指放在雏鸡脐带处；位置摆放好后，右手拇指沿直线往上方顶推，右手示指往下方拉，并往肛门处收拢，3 个手指在肛门处形成一个小的三角形区域，3 个手指凑拢一挤，雏鸡肛门即被翻开。看到其中有很小的粒状生殖突起就是雄雏，无突起者就是雌雏(图 4-2)。鉴别最好在雏鸡出壳后 12 小时左右进行，时间过长生殖突起常有变化，增加鉴别困难。

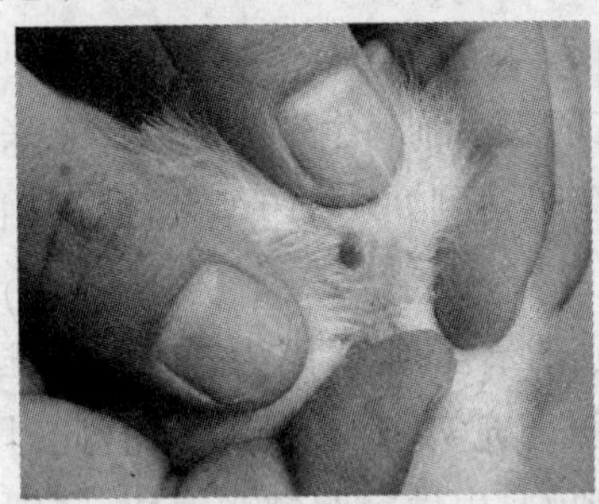

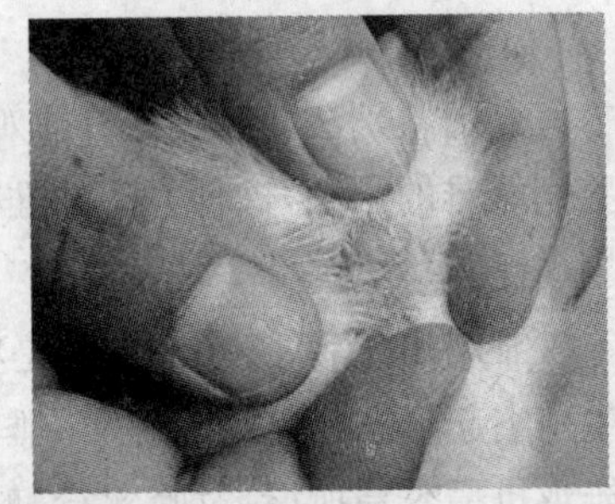

图 4-2　雏鸡的雌雄鉴别(左：雄；右：雌)

③ 翻肛操作注意事项

◎ 为了不使雏鸡因鉴别而染病，在进行鉴别前，要穿工作服和鞋，戴帽子和口罩，并用新洁尔灭消毒液洗手消毒。

◎ 鉴别动作轻捷，速度要快。动作粗鲁容易造成损伤，影响雏鸡的发育，严重者会造成雏鸡的死亡。鉴别时间过长，雏鸡肛门容易被排出的粪便或渗出物掩盖无法辨认生殖隆起的状态。

◎ 鉴别盒中放置雏鸡的位置要固定而一致。例如，规定左边的格内放雌雏，右边的格内放雄雏，中间的格子是放置未鉴别的混合雏鸡；鉴别时坐着的姿势要自然，使持续的鉴别不至疲劳。

◎ 若遇到肛门有粪便或渗出物排出时，则可用左手拇指或右手示指抹去，再行观察。

◎ 若遇到一时难以分辨的生殖隆起时，则可用二拇指或右手示指触摸，并观察其弹性和充血程度，切勿多次触摸。

(2)器械鉴别法

器械鉴别法是利用专门的雏鸡雌雄鉴别器来鉴别雏鸡的雌雄。这种工具的前端是一个玻璃曲管，插入雏鸡直肠，通过直接观察该雏鸡是否具有卵巢或睾丸来鉴别雌或雄。这种方法对于操作熟练者来说，其准确度可达98%～100%。但是，这种方法鉴别速度较慢；且由于鉴别器的玻璃曲管需插入雏鸡直肠，使雏鸡容易受伤害和容易传播疫病，因而使应用受到了限制。

(3)自别雌雄法

所谓自别雌雄是根据伴性交叉遗传的原理，采用固定的公母鸡配种组合(多数是品种间或品系间杂交)，繁殖下来的雏鸡在初生阶段，有的是羽毛色泽，有的是生羽速度，有的在腿脚颜色方面，表现出明显的公母差异。肉眼极容易把它们分开，准确率为100%。

6. 了解相关承诺，避免不可预知风险

为顺利地培育好雏鸡，应尽可能向孵化厂了解一些情况。

(1)出雏时间和存放环境，如出雏后存放时间过长、温度过低、通风不良，会严重影响雏鸡质量。

(2)雏鸡接种疫苗情况。

(3)此批种蛋的受精率、孵化率、健雏率,这些指标越高雏鸡质量越好。

(4)种鸡的日龄、群体大小、种鸡的产蛋率、种鸡盛产期的后代体质等。

(5)种鸡的免疫程序,可推测雏鸡母源抗体水平。

(6)鸡场经常使用什么药品。

(7)有可能的话,再了解一下种鸡群曾发生过什么疾病。

如果可能,在购买雏鸡时,应要求种鸡场有以下的承诺:

(1)保证鸡种无掺杂作假。

(2)保证马立克疫苗是有效的,对每只鸡的免疫是确实的。

(3)保证 5 日龄内因细菌感染引起的死亡率在 2%以下。

(4)保证因为鉴别误差混入的公雏在 5%以下。

(5)对日常的饲养管理、疫病预防等给予免费的咨询服务,还应得到种鸡场赠送的该品种的饲养管理手册。

7. 做好雏鸡的运输工作,减少途中死亡率

一般在出壳后 8～12 小时运到育雏舍最好。长途运输时,初生雏鸡待羽毛干后就可以迅速运出,在 24～36 小时运到比较好,最迟不能超过 48 小时运到,以避免损失。超过 48 小时,初生雏鸡由于饥饿、脱水、强雏变成弱雏,会降低成活率。

(1)运输方式

雏鸡的运输方式依季节和路程远近而定。汽车或三轮车运输时间安排比较自由,又可直接送达养鸡场,中途不必倒车,是最方便的运输方式。

(2)携带证件

雏鸡运输的押运人员应携带检疫证、身份证、合格证和畜禽生

产经营许可证以及有关的行车手续。

(3)准备好运雏用具

运雏用具包括交通工具、装雏箱及防雨、保温用品等。装雏工具最好采用专用雏鸡箱(目前一般孵化场都有供应),箱长为50～60厘米,宽40～50厘米,高18厘米,箱子四周有直径2厘米左右的通气孔若干个。箱内分4个小格,每个小格放25只雏鸡,每箱共放100只左右。没有专用雏鸡箱的,也可采用厚纸箱、木箱代用,但都要留有一定数量的通气孔。冬季和早春运雏要带防寒用品,如棉被、毛毯等。夏季运雏要带遮阳防雨用具。所有运雏用具或物品在装运雏鸡前,均要进行严格消毒。

(4)运输过程中注意保温与通气

养鸡者最好亲自押运雏鸡。

汽车运输时,车厢底板上面铺上消毒过的柔软垫草,每行雏箱之间,雏箱与车厢之间要留有空隙,最好用木条隔开,雏箱两层之间也要用木条(玉米秸、高粱秸、竹竿均可)隔开,以便通气。

冬季、早春运输雏鸡要用棉被、棉毯遮住雏箱,千万不能用塑料包盖,否则将雏鸡闷死、热死。夏季运输雏鸡要携带雨布,千万不能让雏鸡着雨,着雨后雏鸡感冒,会大量死亡,影响成活率。阴雨天运输雏鸡除带防雨设备外,还要准备棉被、棉毯,防止雏鸡着凉。夏季运输雏鸡最好在早、晚凉爽时进行,以防雏鸡中暑。

运输雏鸡的人员在出发前应准备好食品和饮用水,中途不能停留。远距离运输应有2个司机轮换开车,在汽车启动30分钟后,应检查车厢中心位置的雏鸡活动状态。如果雏鸡精神状态良好,每隔1～2个小时检查1次,检查间隔时间的长短应视实际情况而定。

另外,运输初生雏鸡时,行车要平稳。转弯、刹车时都不要过急,下坡时要减速,以免雏鸡堆压死亡。

第五招　精心管理雏鸡，减少死淘率

1. 掌握雏鸡的生理特点

育雏期(0～6 周龄)是鸡比较特殊、难养的饲养阶段，了解和掌握雏鸡的生理特点，对于科学育雏至关重要。

(1)体温调节能力差

雏鸡个体小，自身产热量少，绒毛稀短，抗寒能力差。刚出壳的雏鸡体温比成年鸡低 2～3℃，为 39℃左右，直到 10 日龄时才逐渐恒定，达到正常体温。体温调节能力到 3 周龄末才趋于完善，7～8周龄以后才具有适应外界环境温度变化的能力。因此，育雏期要有人工控温设施，以保证雏鸡正常生长发育所需要的温度。

(2)消化能力弱

幼雏嗉囊和肌胃容积很小，贮存食物有限，消化机能尚未发育健全，消化能力差。因此，要求饲料养分充足，营养全面，容易消化，特别是蛋白质饲料要充足。饲喂要少吃多餐，增加饲喂次数。

(3)代谢旺盛，生长迅速

雏鸡 1 周龄时体重约为初生重的 2 倍，至 6 周龄时约为初生重的 15 倍，其前期生长发育迅速，因此在营养上要充分满足其需要。

雏鸡代谢旺盛，心跳快，每分钟脉搏可达 250～350 次，安静时单位体重耗氧量比家畜高 1 倍以上，所以在满足其营养需要的同时，又要保证良好的空气质量。

(4)胆小易惊，敏感性强

雏鸡胆小、缺乏自卫能力，喜欢群居，并且比较神经质，稍有外界的异常刺激，就有可能引起混乱炸群，影响正常的生长发育和抗病能力。所以，育雏需要安静的环境，要防止各种异常声响、噪音以及新奇颜色传入室内，防止鼠、雀、害兽的入侵，同时在管理上要注意鸡群饲养密度的适宜性。

雏鸡不仅对环境变化很敏感，由于生长迅速对一些营养素的缺乏也很敏感，容易出现某些营养素的缺乏症，对一些药物和霉菌等有毒、有害物质的反应也十分敏感。所以，在注意环境控制的同时，选择饲料原料和用药时也都需要慎重。

(5)免疫力弱

雏鸡免疫机能比较差，约 10 日龄才开始产生自身抗体，产生的抗体较少，出壳后母源抗体也日渐衰减，3 周龄左右母源抗体降至最低，故 10～21 日龄为危险期。雏鸡对各种疾病和不良环境的抵抗力弱，对饲料中各种营养物质缺乏或有毒药物的过量反应敏感。所以，要做好疫苗接种和药物防病工作，搞好环境净化，保证饲料营养全面，投药均匀适量。

(6)初期易脱水

刚出壳的雏鸡含水率在 75%以上，如果在干燥的环境中存放时间过长，则很容易在呼吸过程中失去很多水分，造成脱水。育雏初期干燥的环境也会使雏鸡因呼吸失水过多而增加饮水量，影响消化机能。因此，在育雏初期注意湿度问题以提高育雏的成活率。

2. 做好接雏工作

雏鸡到场后，为防止雏鸡受凉或受热，应第一时间将雏鸡盒(箱)卸下搬入育雏舍内，然后立体笼养按每平方米 60 只，网床平养按每平方米 40 只的密度进行强弱分笼(可将四层笼的雏鸡集中放在温度较高又便于观察的中间两层。上笼时先捉壮雏，剩下的弱雏另笼单养)或分群(切不可怕麻烦把大小不一，强弱不均的雏鸡混在一起养，网上平养可先分出部分小区饲养，每群可掌握在

1000 只左右)，再把所有的装雏盒(箱)随运雏搬出舍外。对一次性的纸盒要烧掉；对重复使用的塑料盒(箱)等应清除箱底的垫料并将其烧毁，下次使用前对运雏盒(箱)进行彻底清洗和消毒。

3. 做好雏鸡的初饮与开食工作

(1)初饮

1 日龄雏鸡第一次饮水称为初饮。出雏后经长途运输的雏鸡体内水分大量消耗，因此应先饮水后开食。这样可促进肠道蠕动，吸收残留蛋黄，排除胎粪，增进食欲，减少应激和感染。

初饮时可将饮水器装满 16～20℃左右的温开水，水中加入 4%～5%的葡萄糖或白糖，并在水中加入“雏雏健”，用量为每 500 只雏鸡加半瓶盖“雏雏健”(“雏雏健”每盖可兑水 10 千克)。若无“雏雏健”需要用维生素 B_1 ＋维生素 B_2 ＋维生素 E＋维生素 AD_3 ＋维生素 C＋电解多种维生素＋抗菌药(氟派酸、恩诺、乳酸环丙及阿莫西林)，以预防雏鸡白痢、脐带炎、大肠杆菌、支原体等垂直传播的疾病以及阻断病原体在雏群内的传播，减少雏鸡因运输、防疫、转群等造成的应激，增强抗病抗应激能力，促进雏鸡生长。对运输距离比较远或存放时间太长的雏鸡，饮水中还需要加适量的补液盐。添水量以每只鸡 6 毫升计算，饮水器均匀摆放于网床上或育雏笼内。

饮水的配制一次不能太多，要少给勤换。因为，雏鸡舍内温度高，水内有糖分与维生素，时间过长容易发酵产酸与失效。初饮后保持饮水充足，不再断水，在第一周内应给雏鸡饮用降至室温的开水，1 周后可直接饮用自来水。

对于刚到育雏舍不会饮水的雏鸡，应进行人工调教，即手握住鸡头部，将鸡嘴插入水盘强迫饮 1～2 次，这样雏鸡以后便自己知道饮水了。若使用乳头饮水器时，每个乳头可供 10～12 只雏鸡饮水，最初可在吊杯内加一些水，诱鸡饮水。

(2)开食

初生雏的第一次给料叫"开食"，开食在初饮2～3小时后进行。开食不是越早越好，过早开食胃肠软弱，有损于消化器官。但是，开食过晚雏鸡消耗体力过多，容易导致虚弱和脱水，影响生长发育，降低成活率。当有60%～90%雏鸡随意走动，有啄食行为时应进行开食。

开食时，因雏鸡还不习惯吃料，应将备好的饲料均匀地撒在塑料布上或开食盘内，少喂勤添，每次喂的饲料应在20～30分钟内吃完，隔2小时喂1次，每昼夜饲喂6～8次。只要有少数雏鸡采食，大多数就会跟着采食。对少数仍然不会吃食的雏鸡，先用手轻碰鸡嘴，吸引其注意力，然后引向开食料，或掰开雏鸡嘴，直接将开食料塞进鸡嘴内；或把切成细丝的青菜放在手上晃动，或将蒸煮半熟的小米或切碎的青菜丝均匀地撒在食盘上，用手轻轻叩打食盘，引诱和训练雏鸡采食。应该争取在1天之内使所有的雏鸡全部开食，这样可为培育整齐的鸡群打下良好的基础。

若用单一的粒状饲料作开食料时，到所有雏鸡都开食后，就要加喂一定比例的配合饲料，以满足雏鸡正常生长发育的需要，3日龄以前要全部换成配合饲料。

第2天在给铺纸上洒料的同时，给挂在网床或育雏笼外的料槽内也盛满饲料，引诱雏鸡吃料槽中的饲料，到第3～4天就可撤掉铺纸，用料槽喂料。

凡是开食正常的雏鸡，第1天平均每只最多吃3～4克，第2天增加到7克左右，第4天可增加到9～10克，第5天大致可达12克。

开食良好的鸡，走进育雏室即可听到轻快的叫声，声音短而不大，清脆悦耳，且有间歇；开食不好的鸡，就有烦躁的叫声，声音大而叫声不停。

开食正常，雏鸡安静地睡在各处，很少站着休息，更没有扎堆的现象。

在混合料或饮水中放入预防白痢病的药物，能大大减少白痢病的发生；如果在饲料中或水中再加入抗生素，大群发病的可能性更小，粪便也正常。但开食不好、消化不良的雏鸡仍然会出现类似白痢病的粪便，粘连在肛门周围。

所以在开食时应特别注意以下几点：

① 挑出体弱雏鸡：因为雏鸡数量多，个体之间发育不平衡，为了使鸡群发育均匀，要对个体小、体质差、不会吃料的雏鸡另群饲养，以便加强饲养，使每只雏鸡均能开食和饮水，促其生长。

② 延长照明时间：开食时为了有助于雏鸡觅食和饮水，雏鸡出壳后 3 天内采取昼夜 24 小时光照。

③ 开食不可过饱：开食时要求雏鸡自己找到采食的食槽和饮水器，会吃料能饮水，但不能过饱，尤其是经过长时间运输的雏鸡，此时又饥又渴，如任其暴食、暴饮，会造成消化不良，严重时可致大批死亡。

④ 不能使雏鸡湿身：注意盛水器的规格，要大小适宜，以免雏鸡进入水盆。

4. 做好育雏的日常饲养管理工作

育雏的饲养管理目标是对出壳至 6 周龄的雏鸡在进行严格选择的基础上，通过对温度、湿度、通风、光照和饲养密度等控制，使雏鸡群体生长整齐度在 80%以上，生长发育正常、符合品种的技术要求，死亡率不超过 2%。因此，6 周龄以前雏鸡管理的好坏是整批鸡盈利与否的关键环节之一。

(1)调节好育雏室内的温度

育雏温度包括育雏室和育雏器的温度，网育时育雏器温度是指在雏鸡背部的位置测得的温度；育雏室的温度是指将温度计挂在远离热源的墙上，离地 1 米处测得的温度。笼育时育雏器温度是指笼内热源区离网底 5 厘米处的温度；育雏室的温度是指笼外离地 1 米处的温度。

育雏温度对 1～30 日龄雏鸡至关重要，温度偏低会引起雏鸡死亡，死亡率最高可达 50%～80%。防止温度偏低固然很重要，但是也应注意防止温度偏高，控制好温度是育雏成败的首要条件。

① 对温度的基本要求：同一空间内不同高度的温度有差异，温度计水银球以悬挂在雏鸡背部的高度为宜。育雏舍的大致温度为 0～1 周龄在 30～32℃，1～2 周 28～30℃，3～4 周 23～28℃，5～6 周 18～23℃。

温度计的读数只是 1 个参考值，实际生产中要看雏鸡的采食、饮水行为是否正常来确定温度。

◎ 雏鸡的伸腿，伸翅，奔跑，跳跃，打斗，卧地舒展全身休息，呼吸均匀，羽毛丰满、干净有光泽，都证明温度适宜。

◎ 雏鸡挤堆，发出轻声鸣叫，呆立不动，缩头，采食饮水较少，羽毛湿，站立不稳，说明温度偏低。如果雏鸡的羽毛被水淋湿，有条件的应立即送回出雏器，以 36℃温度烘干，可减少死亡。

◎ 雏鸡伸翅，张口呼吸，饮水量增加，寻找低温处休息，往笼边缘跑，说明温度偏高，应立即进行通风降温。降温时注意温度下降幅度不宜太大。

◎ 如果雏鸡往一侧拥挤说明有贼风袭击，应立即检查风口处的挡风板是否错位，检查门窗是否未关闭或被风刮开，并采取相应措施保持舍内温度均衡。

② 温度控制的稳定性和灵活性：雏鸡日龄越小，对温度稳定性的要求越高，初期日温差应控制在 3℃之内，到育雏后期日温差应控制在 6℃之内，避免因为温度的不稳定给生产造成重大损失。对健壮的雏鸡群育雏温度可以稍低些，在适温范围内，温度低些比

温度高些效果好，此时雏鸡采食量大、运动量大、生长也快；对体重较小、体质较弱、运输途中及初期死亡比较多的雏鸡群温度应提高些；夜间因为雏鸡的活动量小，温度应该比白天高出 1～2℃；秋、冬季节育雏温度应该提高些，寒流袭来时，应该提高育雏温度；断喙、接种疫苗等给鸡群造成很大应激时，也需要提高育雏温度；雏鸡群状况不佳，处于临床状态时，适当提高舍温可减少雏鸡的损失。

③ 做好温度记录：前 3 周应每 2 小时记录 1 次鸡舍各处温度，4 周龄以后每天至少记录 3～5 次温度。

④ 雏鸡的温度锻炼：随着日龄的增长，雏鸡对温度的适应能力增强，因此应该适当降温。适当的低温锻炼能提高雏鸡对温度的适应能力。不注意及时降温或长时间在高温环境中培育的鸡群，常有畏寒表现，也容易患呼吸道疾病。秋天的雏鸡即将面临严寒的冬天，尤其需要注意及时降温，培育鸡群对低温的适应能力。

降温的速度应该根据鸡群的体质和生长发育的状况，根据季节气温变化的趋势而定，大致每天降低 0.5℃，也可每周降 3℃左右，直到逐渐降至室温为止。

供暖时间的长短应该依季节变化和雏群状况而定。正月进的雏鸡供暖时间应该长一些，当育雏温度降至白天最低温度时，就可以停止白天的供暖，当夜间的育雏温度降至夜间的最低温度时，才可以停止夜间的供暖。在昼夜温差较大的地区，白天停止供热后，夜间仍需要继续供热 1～2 周。

(2)调节好育雏室内的湿度

湿度的高低，对雏鸡的健康和生长有较大的影响，但影响程度不及温度，因为一般情况下，湿度不会过高或过低。只有在极端情况下或多种因素共同作用时，可能对雏鸡造成比较大危害。

育雏舍的湿度要通过湿度计来测量，比较理想的湿度是第一周保持在 60%～70%，第二周以后湿度为 55%～60%。如湿度过低，舍内灰尘、羽屑飞扬，雏鸡容易患呼吸道的疾病，羽毛发育不良；湿度过高时，有害气体增加，有利于病原微生物的生存和寄生虫卵的发育，雏鸡容易患各种疾病。

有经验的饲养员还可通过自身的感觉和观察雏鸡表现来判定湿度是否适宜。湿度适宜时，人进入育雏室有湿热感，不感觉鼻干口燥，雏鸡的脚爪润泽、细嫩，精神状态良好。如果人进入育雏室感觉鼻干口燥、鸡群大量饮水，鸡群骚动，说明育雏室内湿度偏低。反之，舍内用具、墙壁上有一层露珠，室内到处都感到湿漉漉的，说明湿度过高。

如果湿度不够，可以在火炉上放置水壶烧开水或定期向室内空间、地面喷雾等来提高湿度。有条件的鸡场最好安装喷雾设备，价格不贵；如果湿度过度，可通过升高舍内温度，增加通风量等方法降低湿度。

(3)保持育雏室内空气新鲜

育雏期室内温度高，饲养密度大，雏鸡生长快，代谢旺盛，呼吸快，需要有足够的新鲜空气。另外，舍内粪便因潮湿发酵，常会散发出大量氨气、二氧化碳和硫化氢，污染室内空气。所以，育雏时既要保温，又要注意通风换气以保持空气新鲜。

养殖户给育雏室内通风换气，可在中午阳光充足、气温较高时适时开启门窗进行通风换气，门窗的开启幅度应逐渐从小到大进行，直到最后将门窗开启为半开放状态。养殖户切不可因育雏室内空气污浊而突然将门窗大开，让冷风直接吹入育雏室内，如若育雏室内室温突然下降，则极容易诱发雏鸡患感冒等呼吸道疾病。

(4)给予雏鸡合理的光照

合理的光照，可以加强雏鸡的血液循环，加速新陈代谢，增进食欲，有助于消化，促进钙、磷代谢和骨骼的发育，增强机体的免疫力，从而使雏鸡健康成长。

雏鸡入舍后前 3 天要给予 24 小时光照，4～14 日龄光照为

18 小时，15 日龄以后逐渐过渡到采用自然光照。光照强度在第 1 周龄时按用 9 瓦的节能灯悬挂在 2 米高的位置，灯泡间距 3 米即可，从第 2 周龄时即可换用 7 瓦的节能灯即可。

(5)合理掌握雏鸡的饲养密度

合理的饲养密度是保证鸡群健康、生长发育良好的重要条件，因为密度与育雏舍内的空气、湿度、卫生以及恶癖的发生都有直接关系，雏鸡饲养密度大时，育雏舍内空气污浊，氨味大；湿度高，卫生环境差，吃食拥挤；抢水抢料，饥饱不均，残次雏鸡增多，恶癖严重，容易发病。雏鸡饲养密度小时，对雏鸡生长发育有利，但不利设备的充分利用和劳动力的合理使用，所以雏鸡饲养密度也不是愈小愈好。

一般情况 1～2 周龄，网上平养每平方米 40 只，立体笼养每平方米(笼底面积)60 只；3～4 周龄，网上平养每平方米 30 只，立体笼养每平方米 40 只；5～6 周龄，网上平养每平方米 25 只，立体笼养每平方米 30 只。

此外，轻型品种的密度要比中型品种大些，每平方米可多养 3～5 只；冬天和早春天气寒冷，气候干燥，饲养密度可适当高一些；夏、秋季节雨水多，气温高，饲养密度可适当低一些；弱雏经不起拥挤，饲养密度宜低些。鸡舍若是通风条件不好，也应减少饲养密度。

(6)正常喂料、喂水

雏鸡要求按顿喂，自由采食，并且有足够的采食槽位，以保证同步采食。

① 喂料：开食 3 天后，应逐步改用雏鸡配合饲料进行正常饲喂，并在料槽中盛上饲料，每天多次搅拌料槽中的食物，促使雏鸡开始使用料槽，1 周后撤除开食器具。

开食后，实行自由采食。饲喂时要掌握“少喂勤添八成饱”的原则，每次喂食应在 20～30 分钟内吃完，以免幼雏贪吃，引起消化不良，食欲减退。从第2周开始要做到每天下午料槽内的饲料必须吃完，不留残料，以免雏鸡挑食，造成营养缺乏或不平衡。一般3～14日龄每天喂6次，早5点、8点、11点与下午2点、5点、8点。15～42日龄每天喂5次。喂料时间要相对稳定，喂料间隔基本一致，不要轻易变动。

雏鸡饲料的需要量依雏鸡品种、日粮的能量水平、鸡龄大小、喂料方法和鸡群健康状况等而有差异。同品种鸡随着鸡龄的增大，每日的饲料消耗是逐渐上升的，生产中应每日测定饲料消耗量，如发现饲料耗量减少或连续几天不变，这说明鸡群生病或饲料质量变差了。此时应立即查明原因，采取有效的措施，保证鸡群正常生长发育。一般来说，育雏期间大约需要1.1～1.25千克饲料。

第2周开始，每周按饲料量的1%～2%添加3毫米的河沙（河沙必须淘洗干净），一次性喂完，不要超量，切忌天天喂给，否则常招致硬嗉症。

为了充分利用自然资源，提高养鸡的经济效益，小型鸡场和广大农户可使用青饲料喂鸡（大型鸡场一般不喂青料）。给雏鸡第一次喂青饲料（即“开青”）的时间一般是在出壳后的第4天，开青用的饲料可以是切碎的青菜或嫩草等，饲喂量约占饲料总量的10%左右，不宜过多，以免引起拉稀或雏鸡营养失调。随着雏鸡日龄的增长，可逐步加大喂量到占饲料总量的20%～30%。

蛋用雏鸡的饲料形状有干粉料和湿拌料两种。一般机械化或半机械化的大型鸡场或规模较大的专业户宜采用干粉料，省工省时，鸡群能比较均匀地吃到饲料，只是适口性稍差。一些小型鸡场可采用湿拌料，这种方法能保持雏鸡旺盛的食欲，有利于雏鸡对饲料的消化吸收，但工作繁琐，劳动强度大，要求及时处理料槽中的剩料，现喂现拌，掌握好饲喂量，减少浪费。湿拌料应拌成半干半湿状，捏在手中能成团，轻轻拍击能自动散开。

② 饮水：初饮后，无论何时都不应该断水（饮水免疫前的短暂

停水除外），而且要保证饮水的清洁，尽量饮用自来水或清洁的井水，避免饮用河水，以免水源污染而致病。饮水器要刷洗干净，每天换水 2 次。供水系统应经常检查，去除污垢。饮水器的数量，要求育雏期内每只雏鸡最好有 2 厘米的饮水位置，或每 100 只雏鸡至少需要 2 个 2 升的真空饮水器。饮水器一般应均匀分布于育雏室或笼内，避开角落放置，让饮水器的四周都能供鸡饮水。饮水器的大小及距地面的高度应随着雏鸡日龄的增加而逐渐调整。

（7）精确断喙

蛋鸡饲养期长，很容易发生啄癖（啄羽、啄肛、啄趾等）现象，断喙是防止鸡发生啄癖的最有效措施。另外，鸡在采食时，常常用喙将饲料勾出食槽，造成饲料浪费，断喙是解决饲料浪费最有效途径。

① 断喙时间：对蛋用型鸡来说，最佳切喙时间是 6～10 日龄，此时断喙对雏鸡的应激较小。炎热的夏季，应尽量选择在凉爽的时间进行。

② 断喙工具：用于切喙的工具，主要有电热脚踏式和电热电动式断喙器、电热断喙剪、红外线断喙器、剪子等。

③ 做好断喙前的准备：在断喙前后 3 天料内添加液体多种维生素，每千克料约加 2 毫克，有利于止血和减轻应激反应。同时，切喙应与接种疫苗、转群等工作错开，避免给雏鸡造成大的刺激。

④ 断喙方法：无论使用何种切喙器，在使用前都必须认真清洗消毒，防止切喙时造成交叉感染。切记：断喙正确远远要比断喙速度更为重要。

捉拿雏鸡时，不能粗暴操作，防止造成损伤。切喙时，左手抓住雏鸡的腿部，右手将雏鸡握在手心中，大拇指顶住鸡头后部，示指置于雏鸡的喉部，轻压雏鸡喉部使其缩回舌头，将关闭的喙部插入切喙器孔，当雏鸡喙部碰到触发器后，热刀片就会自动落下将喙切断。

切喙时，要求上喙切除1/2，下喙切除1/3。但一般情况下，对6～10日龄的雏鸡，多采用直切法，较大日龄的雏鸡，则采用上喙斜切、下喙直切法，直切、斜切都可通过控制雏鸡头部位置达到目的。切喙后，喙的断面应与刀片接触2～3秒，以达到灼烧止血的目的。

近年来，有些养鸡户用150～50瓦电烙铁(图5-1)断喙(用电烙铁做断喙器时，需将烙铁尖端磨薄，其锋利程度与电热式刀片相近即可)或采用红外线断喙器断喙。采用断喙方式的断喙工具切喙符合要求。

图5-1 电烙铁断喙

⑤ 注意事项

◎ 不要烙伤雏鸡的眼睛。

◎ 不要切断雏鸡的舌头。

◎ 不要切偏、压劈喙部；切喙达到一定数量后应更换刀片。

◎ 断喙器刀片应有足够的热度(刀片一般为樱桃红色)，切除部位掌握准确，确保一次完成，防止断成歪喙或出血过多。

◎ 切不可把下喙断得短于上喙。

◎ 断喙后应注意观察鸡群，发现个别喙部出血的雏鸡，要及时灼烫止血。

◎ 切喙容易诱发呼吸道疾病，故切喙后应在饮水中加入适量抗生素进行预防，可选用青霉素、链霉素、庆大霉素等，平均每只雏鸡 1 万国际单位，连续给药 3～5 天。也可饮用 0.01%高锰酸钾溶液，连用 2～3 天。

◎ 切喙后要立即给水。

◎ 切喙造成的伤口，会使雏鸡产生疼痛感，采食时碰到较硬的料槽底上，更容易引发疼痛。因此，切喙后的 2～3 天内，要在料槽中增加一些饲料，防止缘部触及料槽底部碰疼切口。

(8)再次淘汰小公鸡

即便初生雏的性别鉴定非常仔细，也还会有百分之几的公雏混入雏鸡群，所以，应尽早把小公鸡挑出来，以免影响小母鸡的生长发育。

(9)稀群

雏鸡生长迅速，体格增长很快，占用空间要逐步加大。因此，从 21 日龄开始进行第一次稀群，笼育雏的将原来集中养在中间两层的幼雏分散到上、下边两笼去，稀群时一般是将弱小的鸡留在原笼内，较大、较壮的捉到下层笼内。网上育雏的可分至另外的饲养栏内。

(10)称重

每周末定时在雏鸡空腹时称重，称重时随机地抓取鸡群的 3%或 5%，也可圈围 100～200 只雏鸡，逐只称重，然后计算鸡群的均匀度。计算方法是先算出鸡群的平均体重，再将平均体重分别乘 0.9 和 1.1，得到 2 个数字，体重在这 2 个数字之间的鸡数占全部称重鸡数的比例就是这群鸡的均匀度。如果鸡群的均匀度为 75%以上，就可以认为这群鸡的体重是比较均匀的，如果不足 70%，则说明有相当部分的鸡长得不好，鸡群的生长不符合要求。

鸡群的均匀度是检查育雏好坏的最重要的指标之一。如果鸡群的均匀度低则必须追查原因(如饲料营养水平太低;环境管理失宜,育雏温度过高或过低都会影响采食量,温度稍低些,雏鸡的食欲好,采食量大。舍温过低,采食量下降,从而影响增重;鸡群密度过大,影响生长速度;照明时间不足,雏鸡采食量时间不足,影响生长;感染球虫病或大肠杆菌病等,抑制雏鸡的生长),尽快采取措施。鸡群在发育过程中,每周的均匀度是变动的,当发现均匀度比上1周差时,过去1周的饲养过程中一定有某种因素产生了不良的影响,及时发现问题,可避免造成大的损失。

(11)卫生防疫

严格执行免疫接种程序,预防传染病的发生。每天早上要通过观察粪便了解雏鸡健康状况,主要看粪便的稀稠、形状及颜色等。对于一些肠道细菌性感染(如白痢、霍乱等)要定期进行药物预防。

① 做好相应日龄的免疫接种:做好1、4、7、14、15、18、22、26、35 、40、45日龄的免疫接种工作。

接种时注意,同周龄内一般不进行2次免疫,尤其是接种部位相同时;不可混合使用几种疫苗(多联苗除外),稀释开瓶后尽快用完;若有多联苗可减少接种次数,接种时间可安排在其分别接种的时间中间;对重点防疫的疾病,最好使用单苗。所有疫苗都要低温保存,弱毒苗一般－15℃冷冻,灭活油苗2～5℃保存。

② 严格消毒:育雏舍门口的消毒池内交替使用3%～5%的来苏儿、2%氢氧化钠液等,一般每2天冲刷、更换1次,随时保持池内消毒液不干。工作人员更衣、换鞋后经消毒池进入鸡舍,饲养员不得在生产区内各禽舍间串门,严格控制外来人员进入生产区。

③ 投药防病:为了预防疾病,3～5日龄可在饮水中按每只雏鸡加入0.05%～0.1%氯霉素,或按每只雏鸡加庆大霉素5000国际单位,或按每只雏鸡加青霉素3000～4000国际单位,或链霉素

3 万国际单位，每只雏鸡加入维生素 C 0.2 毫升。6～10 日龄饮水中加入 0.02％的痢特灵，但必须彻底溶解，严防中毒。15～60 日龄时，饲料中要添加抗球虫药。

④ 加强对雏鸡的观察，及时治疗病雏：观察粪便、观察精神、观察采食和饮水，这是饲养员每天要进行的工作。

观察粪便时要注意正常雏鸡粪便为灰白色，上有一层白色尿酸盐（盲肠粪便为褐色），稠稀适中，泄殖腔周围干净无粪便污染。患有某种疾病时，往往腹泻或颜色异常，如患白痢时为白色稀粪，并有稀粪粘于泄殖腔周围，患霍乱以及一些呼吸道病时，往往排白绿色稀粪，而患传染性法氏囊病时则为水样粪便等。

观察精神时要注意健康鸡反应灵敏，羽毛光亮，饲养员进入后，紧跟不舍；病鸡反应迟钝或闭目独居一处，或呼吸困难，或发出尖叫声。

采食和饮水上，健康鸡食欲旺盛，采食急切，嗉囊充实，饮水量适中；病鸡食欲下降或废绝，饮水量增加。通过观察发现病鸡应及时拿出，送化验室进行检查，及早采取措施。

◎ 雏鸡白痢的诊断与控制：白痢是育雏期最先遇到的传染病、沙门杆菌引起，3 周龄以内雏鸡发病死亡率较高，对养鸡造成的危害性很大。发病时少数病雏无症状迅速死亡，多数病雏表现为精神沉郁、闭眼昏睡、拥挤在一起不喜欢活动、绒毛松乱、畏寒怕冷、食欲减少、而后停食，同时出现腹泻、粪便稀薄、白色，肛门周围绒毛被粪便干结封住，致使排粪困难，频频尖叫，个别雏鸡还出现呼吸困难。

控制治疗：用强力霉素混料，每千克饲料中加强力霉素 100～200 毫克，连用 3～5 天；用环丙沙星混料或饮水，每千克饲料或饮水中添加 25～50 毫克，连用 3～5 天；用 0.02％～0.03％呋喃唑酮拌在饲料中喂服，连服 3 天；饮服 0.05％～0.1％土霉素溶液，也可拌在饲料中喂服；每只雏鸡每天用 10～20 毫克金霉素，拌在饲料中分 3 次喂给;用 20%大蒜汁滴服,每次 0.5～1 毫升,每天2～3 次。

预防:育雏室应保持清洁卫生,室温应根据日龄调整,温度不能忽高忽低。饲槽和饮水器应及时清洗消毒,并注意通风换气。1～3 日龄雏鸡用 0.03%浓度的痢特灵拌料,4～14 日龄用 0.04%浓度的痢特灵拌料;0.05%～0.1%氯霉素拌料,连喂 5 天停 3 天后再喂;0.1%～0.2%土霉素拌料;100 毫克/千克浓度氨苄青霉素饮水,连饮 7 天停 3 天;50～100 毫克/千克浓度强力霉素拌料或饮水,连喂 7 天停 3 天;100～200 毫克/千克氟哌酸拌料,连喂 7 天停 3 天等方法都能有效地防止本病发生。

◎ 鸡传染性法氏囊炎的诊断与控制:由传染性法氏囊炎病毒引起的急性、高度接触性传染病,2～5 周龄鸡易感。发病快,发病率高,死亡集中在几天之内。病鸡早期厌食,呆立,羽毛蓬乱,畏寒颤栗等,继而部分病鸡有自行啄肛现象。随后病鸡排白色或黄白色水样便,肛门周围羽毛被粪便污染。急性者出现症状后 1～2 天内死亡,死前拒食、羞明、震颤。病鸡耐过后出现贫血、消瘦、生长缓慢、饲料利用率低。

控制治疗:鸡传染性法氏囊病高免血清注射液,3～7 周龄鸡,每只肌注 0.4 毫升,疗效显著;鸡传染性法氏囊病高免蛋黄注射液,每千克体重 1 毫升肌内注射,有较好的治疗作用;速效管囊散,每千克体重 0.25 克,混于饲料中或直接口服,服药后 8 小时即可见效,连喂 3 天,治愈率较高。

预防:加强饲养管理,防止饲养密度过大,注意保温,4～5 日龄雏鸡可接种(点眼或滴鼻)传支弱毒疫苗。

◎ 雏鸡肺炎的诊断与控制:该病主要由于育雏温度太低,昼夜温差太大,温度忽高忽低或突然遇到寒冷而引起,也有的是感冒继发肺炎。多发生于 3～7 日龄雏鸡,急性患鸡无明显症状,突然死亡。病程慢的病鸡伸颈张口、呼吸困难、咳嗽、食欲减退或不食,最后因肺充血而死。

控制治疗：青霉素片（针剂也可）2 周龄内每只鸡每次 500 国际单位，溶于水中，每天 4 次，连喂 3 天；磺胺噻唑每只鸡每次 25 毫克，拌在料内或直接投服，每天 4 次，连服 3 天；土霉素按 0.05%溶于水中或拌在饲料中喂给，连喂 3～5 天。

预防：要掌握好育雏温度，防止忽冷忽热，并经常保持室内空气流通。

◎ 新城疫：鸡新城疫俗称“亚洲鸡瘟”，是由鸡新城疫病毒引起的高度传染性疾病，主要通过病鸡与健康鸡的接触而传染，流行快速，死亡率高。病鸡严重下痢，粪便呈稀绿色，呼吸困难，口中可见灰白色黏液，嗉囊空虚，内含液体，有波动感，并伴有神经症状。潜伏期为 3～5 天。

控制治疗：目前尚无特效治疗药物；早期病症采用高免血清治疗效果比较好，最好的办法是进行定期免疫接种。

预防：可根据当地实际情况采取具体的免疫接种措施。安全区：一般 1～3 日龄雏鸡可用Ⅱ系苗滴鼻或点眼，8 周龄时用Ⅱ系苗刺种或肌内注射；疫区或受威胁区：1～3 日龄时接种Ⅱ系苗，3 周龄后再用Ⅰ系苗接种 1 次；10～13 周龄时再用 1 系苗接种1 次。

◎ 传染性支气管炎的诊断与控制：由传染性支气管炎病毒引起的急性、高度接触性传染病，雏鸡发病最为严重。病鸡表现为呼吸困难、伸颈张口呼吸、咳嗽，有时伴有啰音、流鼻涕，特别在夜间听得更清楚。随着病程发展，全身症状加重，精神委靡，食欲减少或废绝，羽毛松乱、怕冷，常挤成一团。2 周龄雏鸡常见有鼻窦肿胀，流出黏性鼻液，眼圈周围湿润，常流眼泪并逐渐消瘦死亡，死亡率可达 25%以上。

控制治疗：每克强力霉素原粉兑水 10～20 千克任其自饮，连服 3～5 天；每千克饲料拌入病毒灵 1.5 克，板蓝根冲剂 30 克，任雏鸡自由采食，少数病重鸡单独饲养，并辅以少量雪梨糖浆，连服3～5天，可收到良好效果。

预防：加强饲养管理，降低饲养密度，避免鸡群拥挤，注意温度、湿度变化，避免过冷、过热。加强通风，防止有害气体刺激呼吸道。合理配比饲料，防止维生素，尤其是维生素A的缺乏，以增强机体的抵抗力。

预防：本病的常用弱毒疫苗有两种：一种是传染性支气管炎H120弱毒疫苗，主要用于1～2月龄雏鸡，常在1～5日龄与新城疫Ⅱ系同时接种；另一种是传染性支气管炎H50弱毒疫苗，用于1月龄以上的鸡群。

◎ 大肠杆菌病：鸡大肠杆菌病是由致病性大肠杆菌引起的一种常见多发病，其中包括多种病型，且复杂多样，是目前危害养鸡业重要的细菌性疾病之一。病雏鸡精神委靡，食欲下降，饮欲增加，翅膀下垂，呆立，不愿走动，闭目昏睡，有的尖叫不安，卧地不起。排灰白色水样便，泄殖腔污秽，沾满粪便，有的泄殖腔红肿外翻。有的死于脐炎。少数病雏鸡还出现转圈、扭颈等神经症状，最后衰竭而死。

控制治疗：将病雏鸡隔离饲养，加强雏鸡舍的通风、消毒，每日定时清除粪便，保持雏鸡舍的干燥和清洁；用氯霉素按0.08%混于饲料中，连喂7天，并用庆大霉素按3毫克/千克体重饮水，连饮7天。同时，饲料中添加0.5%的维利素，并用维生素C按5毫克/升饮水。一般4天后恢复正常。

预防：雏鸡的大肠杆菌病是一种常见、多发病。因为它是条件性致病菌，它在鸡体内常年存在，只有在某些应激下才会发病，甚至在鸡群暴发，所以雏鸡发病是多种条件因素诱发而引起。通常生产中都依赖药物来控制本病，但由于微生物的耐药性，生产上使用药物的剂量越来越大，不但损伤雏鸡健康，影响机体免疫功能，而且药害、药残危及生态。因此，对大肠杆菌病的防治应该是综合性的。首先要注意雏鸡的饲养管理，防止应激诱发大肠杆菌病的发生，如雏鸡的运输和鸡舍的保温，防止雏鸡受低温诱发腹泻；其次，及时做好鸡的疫菌苗免疫，提高机体的抗病力，如马立克氏苗和法氏囊疫苗的免疫，可以防止机体的免疫抑制和细菌性并发症。

⑤ 做好值班工作，经常查看鸡群，严防事故发生：温度是育雏成败的关键。即使有育雏伞、电热育雏器自动控温装置，饲养员也要经常进行检查和观察鸡群，注意温度是否合适，特别是后半夜自然气温低，稍有疏忽，煤炉灭火，温度下降，雏鸡挤堆，造成感冒、踩伤或窒息死亡。

经常检查料桶是否断料，饮水器是否断水或漏水，灯泡是否损害或积灰太多；雏鸡是否逃出笼子或被笼底、网子卡着、夹着等；是否被哄到料桶中出不来或被淹入饮水器中；鸡群中是否有啄癖发生；及时挑出弱小鸡或瘫鸡等；严防煤气和药物中毒发生。

⑥ 灭昆虫：鸡场容易孳生蚊、蝇等有害昆虫，骚扰人、畜和传播疾病，给人、畜健康带来危害，应采取综合措施杀灭。

◎ 环境卫生：搞好鸡场环境卫生，保持环境清洁、干燥，是杀灭蚊蝇的基本措施。蚊虫需在水中产卵、孵化和发育，蝇蛆也需在潮湿的环境及粪便等废弃物中生长。因此，应填平无用的污水池、土坑、水沟和洼地。保持排水系统畅通，对阴沟、沟渠等定期疏通，勿使污水储积。对贮水池等容器加盖，以防蚊蝇飞入产卵。对不能清除或加盖的防火贮水器，在蚊蝇孳生季节，应定期换水。永久性水体（如鱼塘、池塘等），蚊虫多孳生在水浅而有植被的边缘区域，修整边岸，加大坡度和填充浅湾，能有效地防止蚊虫孳生。鸡舍内的粪便应定时清除，并及时处理，贮粪池应加盖并保持四周环境的清洁。

◎ 化学杀灭：化学杀灭是使用天然或合成的毒物，以不同的剂型（粉剂、乳剂、油剂、水悬剂、颗粒剂、缓释剂等），通过不同途径（胃毒、触杀、熏杀、内吸等）毒杀或驱逐蚊蝇。化学杀虫法具有使用方便、见效快等优点，是当前杀灭蚊蝇的较好方法，主要的杀虫剂有马拉硫磷、敌敌畏、合成拟菊酯等。

⑦ 做好灭鼠工作：鼠是人、畜多种传染病的传播媒介，鼠还盗食饲料和鸡蛋，咬死雏鸡，咬坏物品，污染饲料和饮水，危害极大，鸡场必须加强灭鼠。

◎ 防止鼠类进入建筑物：鼠类多从墙基、天棚、瓦顶等处窜入室内，在设计施工时注意：墙基最好用水泥制成，碎石和砖砌的墙基，应用灰浆抹缝。墙面应平直光滑，防鼠沿粗糙墙面攀登。砌缝不严的空心墙体，容易使鼠隐匿营巢，要填补抹平。为防止鼠类爬上屋顶，可将墙角处做成圆弧形。墙体上部与大棚衔接处应砌实，不留空隙。用砖、石铺设的地面，应衔接紧密并用水泥灰浆填缝。各种管道周围要用水泥填平。通气孔、地脚窗、排水沟(粪尿沟)出口均应安装孔径小于1厘米的铁丝网，以防鼠窜入。

◎ 器械灭鼠：器械灭鼠方法简单易行，效果可靠，对人、畜无害。灭鼠器械种类繁多，主要有夹、关、压、卡、翻、扣、淹、黏、电等。近年来，还研究和采用电灭鼠和超声波灭鼠等方法。

◎ 化学灭鼠：化学灭鼠效率高、使用方便、成本低、见效快。缺点是能引起人、畜中毒，有些鼠对药剂有选择性、拒食性和耐药性。所以，使用时需选好药剂和注意使用方法，以保安全有效。灭鼠药剂种类很多，主要有灭鼠剂、熏蒸剂、烟剂、化学绝育剂等。鸡场的鼠类以孵化室、饲料库、鸡舍最多，是灭鼠的重点场所。饲料库可用熏蒸剂毒杀。投放毒饵时，机械化养鸡场，因实行笼养，只要防止毒饵混入饲料中即可。在采用全进全出制的生产程序时，可结合舍内消毒时一并进行。鼠尸应及时清理，以防被畜误食而发生二次中毒。选用鼠长期吃惯了的食物做饵料，突然投放，饵料充足，分布广泛，以保证灭鼠的效果。

⑧ 合理处理家禽场的废弃物：如孵化废弃物、禽粪、死禽及污水等，使之既不对场内形成危害，也不对场外环境造成污染，最好

能够适当的利用。

⑨ 采用“全进全出”的生产制度：整个鸡舍只养同一批鸡，同时进舍，又同时出舍，便于彻底清扫和消毒，避免各种传染病的循环感染，也能使接种后的家禽获得一致的免疫力，不受干扰。

(12)日常管理

雏鸡鸡舍内的卫生状况是影响雏鸡群健康和生产性能的重要因素，应注意清洗打扫。

① 保持育雏舍内的环境卫生，是养好雏鸡的关键。育雏用具要清洁，饲槽、水槽要定期洗刷、消毒。

② 每天定时通风换气。

③ 定期清理粪盘和地面的鸡粪，鸡群发病时每天必须清除鸡粪，清理鸡粪后要冲刷粪盘和地面。冲刷后的粪盘应浸泡消毒30分钟，冲刷后的地面用2%的火碱水溶液喷洒消毒。

④ 夏天温度高，湿度大，饲料极易发霉变质，进料时应少购勤进；添料时要少加勤添，而且量以每天吃净为宜，防止日子过长，底部饲料霉变。

⑤ 雏鸡非常胆小怯弱，对周围环境的微小变化都非常敏感。外界的任何干扰都会对雏鸡产生严重的惊群，致使雏鸡互相挤压而引起死亡。因此，育雏室要注意保持环境安静，防止猫狗等进入惊扰；谢绝外来人员参观。搞好育雏舍内外及育雏用具卫生和消毒，消毒时要两种或两种以上消毒液交叉使用。

⑥ 无论是笼养还是网上平养，难免有些雏鸡跑出笼或跳下网床，给卫生和管理带来不便，也容易使雏鸡受寒和发病，所以要将其及时捉回。可以利用鸡的趋光性和合群性，夜间在舍内开阔的地方开灯撒料，待鸡聚于灯下采食时进行捕捉。

⑦ 从育雏期开始对舍内笼具、用具、容器要做好维修和养护，延长使用年限，以降低养鸡成本费用。

(13)做好育雏期记录

诸如进雏日期、品种名称、进雏数量、温度变化、发病死亡淘汰数量及原因、喂料量、免疫状况、体重、日常管理等内容都应做好记录，以便于查找原因，总结经验教训，分析育雏效果。

5. 分析育雏失败原因，以便总结经验

雏鸡在饲养过程中，即使在饲养管理正常的状况下，雏鸡存栏数也会下降，这主要是由于小公鸡的捡出和弱雏的死亡等造成的。存栏数下降只要不超出1%～2%，应当属于正常。

一般来说，雏鸡死亡多发生在10日龄前，因此称为育雏早期的雏鸡死亡。育雏早期雏鸡死亡的原因主要有两个方面：一是先天的因素；二是后天的因素。

(1)雏鸡死亡的先天因素

① 导致雏鸡死亡的先天因素主要有鸡白痢、脐炎等病，这些疾病是由于种蛋本身的问题引起的。如果种蛋来自患有鸡白痢的种鸡，尽管产蛋种鸡并不表现出患病症状，但由于确实患病，产下的蛋经由泄殖腔时，使蛋壳携带有病菌，在孵化过程中，使胚胎染病，并使孵出的雏鸡患病致死。

② 孵化器不清洁，污染有病菌。这些病菌侵入鸡胚，使鸡胚发育不正常，雏鸡孵出后脐部发炎肿胀，形成脐炎。这种病雏鸡的死亡率很高，是危害养鸡业的严重鸡病之一。

③ 由于孵化时的温度、湿度及翻蛋操作方面的原因，使雏鸡发育不全等也能造成雏鸡早期死亡。

雏鸡先天发育中所产生的疾病等引起的雏鸡早期死亡，养殖者无法控制，只能从管理正规、品种纯正又无患过传染病的种鸡场购买雏鸡。

(2)雏鸡死亡的后天因素

后天因素是指孵化出的雏鸡本身并没有疾病,而是由于接运雏鸡的方法不当或忽视了其中的某些环节而造成雏鸡的死亡。

① 低温:鸡是恒温动物,在一定范围内的温度条件下,能保持体温相对恒定。但在生产实践中,由于低温而导致雏鸡死亡的比例很大,尤其在出雏第3天死亡会达到高峰。造成低温的原因是由于鸡舍保温性能差,外界气温过低,加温条件弱如停电、停火等,育雏室内有穿堂风或有贼风。如低温时间过长,就可引起雏鸡大批死亡。经过低温环境未死的雏鸡,极容易患上各种疾病和传染病,其结果对雏鸡危害极大。

② 高温:造成高温的原因有外界气温过高、鸡舍内湿度大,通风性能差,雏鸡密度大;舍内加温过度,或热量分布不均;管理人员粗心造成室内温度失控等。高温使雏鸡体热和水分的散发受阻,体热平衡紊乱。短时间的高温,雏鸡有一定的适应和调节能力,若时间过长,雏鸡就会死亡。

③ 湿度:通常状态下,相对湿度的要求不像温度那样严格,如在湿度严重不足、环境干燥、雏鸡又不能及时饮水时可能会脱水。有些养殖户不供给足量的饮水,从而导致鸡雏因缺水而死亡。有时因长时间饮水不足,突然供给饮水,雏鸡争饮,造成雏鸡头部、颈部及全身羽毛湿透,短时间干燥不了容易引发疾病死亡。

④ 饥饿:有多种因素影响雏鸡采食和食欲,造成雏鸡饥饿死亡。如育雏室过冷、过热、湿度过大、通风不良、噪音、光照不足、雏鸡密度过大等不良因素,或其他如料盘、水盘数量不够或放置不当,饲料或饮水品质不良,或有疾病感染等,都会导致雏鸡因饥饿而死亡。

⑤ 饲料单一,营养不足:不能满足雏鸡生长发育需要,因此雏鸡生长缓慢,体质弱,容易患营养缺乏症及白痢、气管炎、球虫等各种病而导致大量死亡。

⑥ 不注重疾病防治：是引起雏鸡死亡的后天因素。

⑦ 其他原因：如兽害、鼠害、啄癖、药害等人为的因素。

为了减少雏鸡的后天死亡，在日常工作中要切实做好各项，把每一项内容认真落动实处。

6. 做好雏鸡转舍前的准备，以便雏鸡转舍

（1）驱虫

采用三段式养殖方式的把雏鸡转入育成舍。采用两段式养殖方式的把雏直接转入产蛋舍。在转舍前 1 周，用盐酸左旋咪唑按每千克饲料或饮水加入药物 20 克，让鸡自由摄食或饮用，每日 2～3次，连喂 3～5 日，驱除蛔虫效果理想，而且安全；每千克体重用硫双二氯酚 100～200 毫克，拌料喂饲，每天 1 次，连用 2 天以驱除绦虫。

给鸡驱虫期间，对鸡的粪便要及时清除，堆积发酵，以杀死虫卵。同时要对鸡舍、用具、场地彻底清扫、消毒。

（2）脱温

雏鸡随着日龄的增长，采食量增大，体重增加，体温调节机能逐渐完善，抗寒能力较强，或育雏期气温较高，已达到育雏所要求的温度时，此时要考虑脱温。脱温或称离温是育雏室内由取暖变成不取暖，使雏鸡在自然温度条件下生活。

脱温时期的早、晚因气温高低、雏鸡品种、健康状况、生长速度快慢等不同而定，脱温时期要灵活掌握。春雏一般在 6 周龄，夏雏和秋雏一般在 5 周龄脱温。

脱温工作要有计划逐渐进行。如果室温不加热能达到 18℃以上，就可以脱温。如达不到 18℃或昼夜温差较大，可延长给温时间，可以白天停温，晚上仍然供温；晴天停温，阴雨天适当加温，尽量减少温差和温度的波动，做到“看天加温”。约经 1 周，当雏鸡

已习惯于自然温度时，才完全停止供温。

雏鸡脱温时，要注意天气的变化和雏鸡的活动状态，采取相应的措施，防止因温度降低而造成损失。

7. 做好育雏鸡的转群工作

（1）做好转群上笼前的准备工作

① 对育成、产蛋鸡舍设备用具等进行消毒：转群前10～15天，必须把鸡舍地面、粪沟、墙壁、天花板、鸡笼用高压水彻底冲洗干净，冲洗前对电器应采取保护措施，防止造成电器损坏。供电照明系统、通风换气系统、排水系统和笼具、笼架等设备等都要检修，鸡舍的防雨、保暖如有问题要维修好，鼠洞要填堵，门窗玻璃安好，这些准备就绪以后，关上门窗，进行消毒（与育雏室的消毒方法相同），门前消毒池放上消毒液。鸡群一旦进舍，不符合卫生防疫要求再进行舍内的维修工作，会造成鸡的应激，惊动鸡群出现死伤，影响鸡的产蛋性能。

消毒后打开门窗，等鸡舍内没有福尔马林气味时，对喂料系统、饮水系统进行检查，再在水槽内放水，料槽内放料，等待接鸡。

② 准备饲料：转群初期，除吃7天的育雏鸡饲料后，就要更换为育成鸡饲料，因此，两种饲料都要准备好，饲料的数量以每只鸡每天50克料计，准备1周的量。

从育雏期到育成期，饲料的更换是一个很大的转折。因此，入笼前在料槽中还先添加育雏期的饲料，水槽中注入水，并保持适宜光照强度，使鸡入笼后立即饮到水、吃到料，尽快熟悉环境。

③ 预防转群应激：转群前后3天内添加50%的多种维生素或饮电解质溶液。转群前6～12小时停止喂料，但不停止供水。

（2）转群

转群最好是在天刚黑时进行，因为鸡在黑暗中不惊不动，很容易抓，这对鸡刺激不大。抓鸡时要抓双腿不要抓翅膀，以免鸡只挣扎，折断鸡翅膀，动作不可粗暴，应轻抓轻放。

8. 转群后做好育雏舍的消毒工作

（1）鸡舍及设备的检查与维修

雏鸡全部出舍后，先将舍内的鸡粪、顶棚上的蜘蛛网、尘土等清扫出舍，再进行检查维修，如修补门窗、封死老鼠洞，检修鸡笼。

（2）冲洗

同育雏前一样，对育雏舍进行清洗。

（3）药物消毒

消毒时将所有门窗关闭，以便门窗表面能喷上消毒液。选用广谱、高效、稳定性好的消毒剂，如用 0.1%新洁尔灭，0.3%～0.5%过氧乙酸、0.2%次氯酸等喷雾鸡笼、墙壁，用 1%～3%烧碱或 10%～20%石灰水泼洒地面，用 0.1%新洁尔灭或 0.1%百毒杀浸泡塑料盛料器与饮水器。鸡舍周围同样也要进行药物消毒。

（4）熏蒸

同育雏前一样，对育雏舍进行熏蒸消毒。如果离下次进鸡还有一段时间，可以一直封闭到进鸡前 3 天左右。空舍2～3 周后在进鸡前约 3 天再进行 1 次熏蒸消毒。

第六招　养好育成鸡,为产蛋做准备

1. 了解育成期鸡的生理特点

育成期系指从育雏结束到开产前的这段时期,一般为 7～18 周龄。育成期又可分为育成前期(7～12 周龄)、育成后期(13～18 周龄)。这时期饲养管理的好坏,决定了鸡在性成熟后的体质、产蛋性能,所以这一时期的饲养和管理是十分重要的。生产实践表明,一些忽视育成期饲养管理的养殖者,往往造成产蛋效果不理想。

(1)育成鸡羽毛更换勤

育成鸡的羽毛在 7～8 周龄、12～13 周龄要更换 2 次,频繁的换羽会给鸡造成很大的生理消耗。因此,换羽期间要注意营养的供给,尤其是要保证足够的蛋白质等。

(2)体温调节机制逐渐健全

育成鸡的体温调节逐渐完善,羽毛逐渐丰满密集而成片状,起到保温、防风、防水作用强,加上皮下脂肪的逐渐沉积、采食量的增加、体表毛细血管的收缩等,使育成鸡对低温的适应幅度变宽。因此,进入育成期后可不用加温。

鸡的皮肤既无汗腺也无皮脂腺,加上羽毛的覆盖,使皮肤的蒸发散热受到限制。在体温持续过高时,可能导致心血管衰竭而死亡,故育成鸡的高温应激逐渐明显。

(3)育成鸡的体重增长迅速

育成鸡的骨骼和肌肉生长迅速,脂肪沉积与日俱增,是体重增长最快的时期。特别是育成后期,已具备较强的脂肪沉积能力,如果在开产前后小母鸡的卵巢和输卵管沉积脂肪过多,会影响鸡蛋的产生和排出，从而导致产蛋率降低或不产蛋。因此，这一阶段既要满足鸡生长发育的需要，又要防止鸡体过肥。

(4)育成鸡中后期生殖系统加速发育

育成鸡大约在 12 周龄后，性腺发育加快。一般育成鸡的性成熟要早于体成熟，而在体成熟前，育成鸡的生产性能并不好，因此，这一阶段既要保证骨骼和肌肉的充分发育，又要适度限制生殖器官的发育并防止过肥，可通过控制光照和饲料，使性成熟与体成熟趋于一致，将有助于提高其生产性能。但在开产前 2 周左右应供给充足的营养，使母鸡有足够的营养贮备，使卵巢和输卵管的快速增长得以满足。

(5)其他内脏系统的协同发育

育成鸡的消化机能逐渐增强，消化道容积增大，各种消化腺的分泌增加，采食量增大，饲料转化率逐渐提高，为其他内脏器官及骨骼、肌肉的发育奠定了基础。

另外，育成鸡的胸腺和法氏囊接近性成熟时达到最大，使育成鸡的抗病力逐渐增强。

2. 做好育成期鸡的上笼工作

无论采取三段式还是两段式养殖方式，在雏鸡 6 周龄末转舍时都要对转群鸡进行严格的挑选。把弱小鸡只、病残鸡单独捉出饲喂，以保证鸡群的均匀整齐度。个别无饲喂价值的应果断淘汰掉。

转群时，可根据笼内产蛋时的容鸡数量(一笼 2 只或 3 只产蛋鸡)的设计多放几只育成鸡，然后进行带鸡消毒。

(1)消毒器械的选择

带鸡喷雾消毒可使用雾化效果较好的自动喷雾装置或背负式手动喷雾器。

(2)消毒药品的选择

要选择刺激性小、高效低毒的消毒剂，如0.02%百毒杀、0.2%抗毒威、0.1%新洁尔灭、0.3%～0.6%毒菌净、0.3%～0.5%过氧乙酸或0.2%～0.3%次氯酸钠等。

(3)科学地配制消毒药液

配制消毒药液选用深井水或自来水较好，否则水中杂质太多会降低药效。消毒药液的温度由20℃提高到30℃时，其效力也随之增加，所以配制消毒药液时要用热水稀释，但水温也不宜太热，一般应控制在40℃以下。夏季可用凉水，尤其是炎热的夏天，消毒时间可选在最热的时候，以便消毒的同时起到防暑降温的作用。

(4)正确的消毒方法

首先把喷雾器清洗干净，再在里面配好药液，由鸡舍的一端开始消毒，边喷雾、边向另一端慢慢走。雾粒大小控制在80～120微米(雾粒太小容易被鸡吸入呼吸道，引起肺水肿，甚至诱发呼吸道病；雾粒太大容易造成喷雾不均匀和鸡舍太潮湿)，喷头距鸡体60～80厘米喷雾。喷雾的喷头要向上，使药液似雾一样慢慢下落；地面、墙壁、顶棚、笼具都要喷上药液；动作要轻，声音要小。初次消毒，鸡只可能会因害怕而骚动不安，以后就能逐渐习以为常了。

(5)带鸡喷雾消毒应注意的问题

① 鸡群接种疫苗前、后3天内停止进行喷雾消毒，同时也不能投服抗菌药物，以防影响免疫效果。

② 清洁环境，带鸡消毒前应先扫除屋顶的蜘蛛网，墙壁、鸡舍通道的尘土、鸡毛和粪便，减少有机物的存在，以提高消毒效果和节约药物的用量。

③ 喷雾消毒前，鸡舍内温度应比常规标准温度高2～3℃，以防水分蒸发引起鸡受凉造成鸡群患病。消毒药液温度应高于鸡舍

内温度。

④ 进行喷雾时，雾滴要细。喷雾量以鸡体和笼网潮湿为宜，不要喷得太多、太湿，一般喷雾量按每立方米空间 15 毫升计算，喷雾时应关闭门窗。

⑤ 喷雾消毒时最好选在气温高的中午，把灯光调暗或关灯后进行，以防惊吓引起鸡群飞扑挤压等现象。

⑥ 由于喷雾造成鸡舍、鸡体表潮湿，喷雾 15 分钟后要开窗通气，使其尽快干燥。

⑦ 不同类型的消毒药要交替使用，每季度或每月轮换 1 次。长期使用一种消毒剂，会降低杀菌效果或产生抗药性，影响消毒效果。

⑧ 消毒完毕，应用清水将喷雾器内部连同喷杆彻底清洗，晾干后妥善放置。

3. 做好育成期的日常管理工作

育成鸡预示着鸡场的希望和未来，育成鸡饲养的好坏，直接关系到成年鸡的健康、生产性能，与养鸡者的经济效益息息相关。饲养试验结果表明，如果体重过大，发育过快，会造成早熟早开产，这样的产蛋鸡，不仅蛋小，而且有可能早衰；如果母鸡过肥，产的蛋就会少，甚至不产蛋。但是，如果饲养管理条件差，发育太慢、体重太小，达不到品种的标准体重，也会推迟开产或发育不良而不能产蛋。因此，育成鸡阶段的饲养管理重点是“调节饲养与限制饲养相结合”。

(1)饲养管理衔接

育雏期采用笼育雏方式的转舍到育雏或产蛋舍时，鸡只是换个笼而已，鸡应激反应不会太大。育雏期采用网上平养方式育雏的，转到育成或产蛋舍上笼后，由于环境突然改变(平养变笼养)，不适应、不熟悉笼养生活条件而喝不到水，吃不到料，应及时调整，特别是使用乳头饮水器的笼舍，更应该细心观察，调教鸡群使用饮水器。对吊头、卡脖、扎翅、别腿等现象，要及时发现，及时解救、处理，以免造成意外伤亡。

(2)饲喂

为使育成鸡适时开产，不引起过肥和早熟，日粮蛋白质水平不宜过高，含钙不宜过多。

① 日粮过渡：从育雏饲料换成育成饲料时要用 7 天的时间作为过渡。第 1～2 天，2/3 的育雏期饲料加 1/3 育成期饲料；第 3～4 天，1/2 育雏期饲料加 1/2 育成期饲料；第 5～7 天，1/3 育雏期饲料加 2/3 育成期饲料，到第 8 天时完全饲喂育成鸡料。

上笼后，鸡对环境不熟悉，加之进行一系列管理程序，对鸡造成较大应激，抵抗力下降，极容易受到病原侵袭，所以转群后 3～5 天饲料中要加适量的抗生素，以免鸡转换环境后不适应而造成发病。

② 饲喂量：喂料量可参考购买雏鸡场家提供的资料或相同体型鸡种的喂料量进行。

推荐饲喂量为：8 周龄每周饲喂 360～380 克，10 周龄每周饲喂 380～400 克，12 周龄每周饲喂 400～420 克，14 周龄每周饲喂 420～450 克，16 周龄每周饲喂 430～470 克。

推荐的给料量仅仅是一个建议性给料量，必须根据品种样本的体重来确定饲料的供给量。如达不到标准体重，可在下周的采食量中酌情增加一些；当体重与标准相符合时，恢复正常的给料；若体重超出正常标准体重，下 1 周给料量与上 1 周相同，直到体重与标准体重一致时，再恢复正常给料量。有一点必须指出，当体重超过标准时，不要突然减少饲料供给量，可通过保持 2 周同样的给料标准来控制饲料的采食量，因为随着周龄增加每周采食量应增加，下 1 周给料与上 1 周给料相同就意味着少给了。

育成期饲喂时，加料要均匀，每次喂完料后要匀料 4～5 次，保证每只鸡均匀采食。

③ 饲喂方式：采用干粉料饲喂的继续采用干粉料，采用湿拌料饲喂的继续采用湿拌料，不要突然更换饲喂饲料形状。采用湿拌料饲喂的每天在固定时间喂饲 3～4 次，每次间隔 4 小时，保证饲料在 2 小时内吃完，防止酸败，每天要刷洗饲槽；采用干粉料时任鸡自由采食，这种喂法采食均匀，鸡群整齐度好。

④ 补喂沙粒：从 7 周龄开始，每周每 100 只鸡应给予 500～1000 克沙粒，撒于饲料面上，前期用量少且沙粒直径小，后期用量多且沙粒直径增大。这样，既提高鸡的消化能力，又避免肌胃逐渐缩小。

⑤ 充足饮水：任何时候都要供给充足清洁的饮水，因为缺水的后果往往比缺料更严重。夏季要注意饮深井水，必要时可在水中加冰块；冬季要注意饮温水，防止水温过低给鸡带来应激。

(3)温度的控制合理

育成期将温度控制在 18～22℃，每天温差不超过 2℃。

夏季高温季节，可提高鸡舍内风速，通过风冷效应将温度控制在 30℃以内，防止高温影响鸡群生长，尤其是在密度逐渐增大的育成后期。

冬季为了保证鸡只的正常生长和舍内良好的通风换气，舍内温度要控制在 13～18℃之间，最低不低于 13℃；如果有条件可以安装供暖装置，将舍温控制在 18℃左右，确保温度适宜和良好换气。

(4)合理的湿度

育成舍相对湿度以 50％～55％为宜。南方 4～6 月份为多雨季节，要采取措施降低湿度，保持舍内干燥，勤换垫料，定期清理粪便，防止饮水器内水外溢。北方干旱季节，要提高湿度。

(5)注意鸡舍通风、地面干燥

在保证一定温度的前提下,采用机械通风或自然通风来增加室内新鲜空气,排出二氧化碳、氨气等不良气体(由于有些有害气体比重大,地面附近浓度大,故自然通风时还要注意开地窗)。一般以人进入育成舍内无闷气感觉,无刺鼻气味为宜。

值得注意的是,通风和保温常常是矛盾的,尤其是在冬季,生产上应在保温的前提下排出不新鲜的空气,如在通风之前先提高室温 1～2℃,待通风完毕后基本上降到了原来的舍温。自然通风时门窗的开启可从小到大最后呈半开状态,开窗顺序为:南上窗→北上窗→南下窗→北下窗。不可让风对准鸡体直吹,并防止门窗不严出现贼风。

(6)光照控制与生理成熟期相符

光照是控制蛋鸡性成熟的主要方式,前 8 周龄光照时间和强度对鸡只的性成熟影响较小,8 周龄以后影响较大,尤其是 13～18 周龄的育成后期,鸡体的生殖系统包括输卵管、卵巢等进入快速发育期,会因光照的渐增或渐减而影响性成熟的提早或延迟,因此好的饲养管理,配合正确的光照程序,才能得到最佳的产蛋结果。因此,8～16 周龄一般以每天8～9 小时为宜,从 16～17 周龄时将光照时数增至 13 小时(光照时数应渐增,如果突然增加的光照时间过长,容易引起脱肛)。光照强度要控制适当,不宜过强或过弱,过强容易产生啄癖,过弱则起不到刺激作用。密封舍育成的新母鸡,由于育成期光照强度过弱,开产前后光照强度以每平方米 1.5 瓦为宜,开放舍育成的新母鸡,育成期受自然光照影响,光照强,开产前光强度一般要保持在每平方米 1 瓦范围内,否则光照效果差。

(7)调整饲养密度

随着鸡只的不断增长,每只鸡占用的单位面积就越来越大,将影响鸡的正常采食、休息和运动,对鸡的生长和发育都有影响。所以,在开产前将其调整为设计时的每笼 2 只鸡或 3 只鸡,以保证产蛋鸡有适当的活动空间。

无论养鸡技术、管理水平多高，鸡群中总会出现一些体弱鸡，如果不及时挑出，进行个别处理，势必影响鸡只生长以及生产性能的发挥，使总体效益受损，所以要对鸡群进行个别调整，死亡、淘汰鸡时，应及时补充缺位，使每笼鸡数保持一致。

(8)修喙

12 周龄左右，要对第一次切喙不成功或重新长出的喙进行第二次切除或修整。这时鸡喙内部的神经、血管很丰富，喙已完全角质化，比较坚硬难切，对鸡的应激较大，也容易引起出血。为减少流血和应激，在断喙前后 3 天内饲料中加入维生素 K(用量50 克/吨)。断喙后应加强检查，发现出血者应立即补烙切面，直至不再流血为止。

(9)戴眼镜

对没有断喙的蛋鸡可采用配戴眼镜。配戴时间为 90 天左右，采用中号眼镜宽度为 5 厘米，配戴眼镜后能够解决蛋鸡的啄肛问题，戴眼镜后蛋鸡吃食不但没有问题，还能每只鸡 1 天节省 2 克饲料(1 万只鸡 1 天就可省 20 千克饲料，1 年节约的量可就可观了)，但乳头式饮水器供水的会有部分蛋鸡配戴眼镜后，因为视线问题有饮水不足或找不到水源的问题，从而影响产蛋量，要注意检查，及时采取措施，如摘除眼镜等。

(10)育成鸡均匀度控制

如果发现鸡的体重超过标准要求，就需要限制饲喂。限饲是人为控制鸡采食的方法，通过限饲可以控制鸡的生长，防止体重超标，抑制性成熟，从而使小母鸡在比较合适的、比较一致的时间开产。培育出体质稍瘦而强健的青年母鸡，使母鸡开产期能稍微延迟，而产蛋高峰的持续期加长从而获得更大的经济效益。近年来，限制饲养技术越来越广泛地应用于育成鸡，而且取得了明显的效果，并且限制的标准体重有向较低发展的趋势。另外，限饲还可节省5%～10%的饲料。

① 限饲的方法：主要采用限制全价饲料饲喂量的办法，如每日限饲法（每天减少一定的饲喂量，一般是全天的饲料集中在上午一次性供给）、隔日限饲法（将2天减少后的饲料集中在1天喂给，让其自由采食，可保证均匀度）、3日限饲法（以3天为一段，连喂2天，停1天，将减少后的3天的饲喂量平均分配在2天内喂给）、五二限饲法（在1周内，固定2天（如周三和周六）停喂，将减少后的7天的饲喂量平均分配给其余5天）。这4种方法的限饲强度是逐渐递减的，可根据实际情况选择使用，一般接近性成熟时要用低强度的限饲方法过渡到正常采食。

② 限饲的起止时间：一般从6～8周龄开始，到开产前3～4周结束，即在开始增加光照时间时结束（一般为17周龄）。必须强调的是，限饲必须与光照控制相一致，才能起到应有的效果。

③ 限饲时注意事项：备有充足的水槽、食槽，撒料要均匀，使每只鸡都有1个槽位，使鸡吃料同步化；每1～2周（一般隔周称重1次），在固定的时间，随机抽出鸡群的2%～5%进行空腹称重，如体重超过标准重的1%，则在最近3周内总共减去实数1%的饲料量。例如，育成鸡比标准体重低100克，则应在最近3周内总计增加100克的饲料量；体重低于标准重1%则增料1%；如遇鸡群发病或处于应激状态，应停止限饲改为自由采食；限饲从8～12周龄开始，至17周前结束；限饲过程中，饲料营养水平和喂料量应根据体重、发育情况进行调整；18周龄时鸡群如达不到体重标准，对原为限饲的改为自由采食；原为自由采食的则提高蛋白质和代谢能的水平，以使鸡群开产时体重尽可能达到标准。

(11)控制鸡病的发生

① 接种相应日龄的疫苗：根据本地鸡病流行特点，做好50、60、90日龄的免疫程序，选用高质量的疫苗，按照规定的剂量和操作方法进行免疫，同时注意各种抗体的检测工作，如果抗体效价过

低或参差不齐，应及时补充免疫。

② 杜绝外来人员进入饲养区和鸡舍，饲养人员进入前要消毒。

③ 要做好育成鸡舍的卫生和消毒工作，如及时清粪、清洗消毒饲槽和饮水器、带鸡消毒等。还要注意环境安静，避免惊群。一些在雏鸡时容易发生的传染病，如传染性支气管炎、马立克病、鸡白痢病、新城疫、鸡痘等，同样也对育成鸡有一定的威胁，因此，要注意做好预治工作。

④ 灭虫、灭鼠工作要坚持做好。

⑤ 做好其他的日常卫生工作，如洗涮水槽、食槽，清粪、通风工作。

(12)淘汰

注意细致观察鸡的采食、呼吸、粪便等情况，发现问题及时解决。注意观察，对发育不良、畸形、第二性征(冠的大小和颜色等)表现差、脱肛鸡、啄肛鸡、受欺负鸡和病弱残疾鸡，挑出处理掉。

4. 了解高产鸡群育成标准的评判内容

生长发育理想的育成鸡是骨架大，轮廓鲜明，胸骨坚实，胫长而直、挺立，脚爪伸张有力，呈扇形，肌肉结实有力，没有多余脂肪沉积，羽毛平整、紧凑、光滑、丰满，眼大、明亮有神，富有活力，显示出健康与未来生产性能高的魅力。

第七招　做好产蛋前期的饲养管理

1. 了解产蛋前期的生理特点

蛋鸡从育成期结束到产蛋率达5%的过渡时期，称为产蛋前期，一般在18～20周龄。产蛋初期的管理关系到产蛋期的整个水平，为了加强鸡群的总体性能，提高产蛋率，注意产蛋初期的管理，成为养鸡生产中的关键控制点。但在现实的生产实践中很多的养殖户都忽略了这个重要问题，导致在以后的饲养过程中形成很多的弊病，影响鸡群生产性能的发挥。因此，一定要抓好产蛋初期的管理工作，为鸡群的高产和稳产打下良好的基础。

(1)生殖器官的快速发育

蛋鸡进入14周龄后卵巢和输卵管的体积、重量开始出现较快的增加，17周龄后其增长速度更快，19周龄时大部分鸡的生殖系统发育接近成熟。发育正常的母鸡14周龄时的卵巢重量约4克，18周龄时达到25克以上，22周龄能够达到50克以上。

(2)骨钙沉积加快

在18～20周龄期间骨的重量增加15～20克，其中有4～5克为髓质钙。髓质钙是接近性成熟的雌性家禽所特有的，存在于长骨的骨腔内，在蛋壳形成的过程中，可将分解的钙离子释放到血液中用于形成蛋壳，白天在非蛋壳形成期采食饲料后又可以合成。髓质钙沉积不足，则在产蛋高峰期常诱发笼养蛋鸡疲劳综合征等问题。

(3)自身生理出现的变化

① 内分泌功能的变化：18周龄前后鸡体内的促卵泡素、促黄体生产素开始大量分泌，刺激卵泡生长，使卵巢的重量和体积迅速

增大。同时，大、中卵泡中又分泌出大量的雌激素、孕激素，刺激输卵管生长、耻骨间距扩大、肛门松弛，为产蛋做准备。

② 法氏囊的变化：法氏囊是鸡的重要免疫器官，在育雏育成阶段在抵抗疾病方面起到很大作用。但是在接近性成熟时由于雌激素的影响而逐渐萎缩，开产后逐渐消失，其免疫作用也消失。因此，这一时段是鸡体抗体青黄不接的时候，比较容易发病。因此，要加强各方面的饲养管理（主要是环境、营养与疾病预防）。

③ 内脏器官的变化：除生殖器官快速发育外，心脏、肝脏的重量也明显增加，消化器官的体积和重量增加得比较缓慢。

（4）体重快速增加

在 18～20 周龄期间，平均每只鸡体重增加 200 克左右，这一时期体重的增加对以后产蛋高峰持续期的维持是十分关键的。体重增加少会表现为高峰持续期短，高峰后死淘率上升。

2. 做好育成鸡的转群上笼工作

采用三段式饲养方式的育成母鸡要在 17 周龄末转入成鸡舍上蛋鸡笼内饲养，使鸡在开产之前，有一段适应新环境的时间，对培养高产鸡群有利（两段式饲养方式的因 6 周末已转入产蛋舍，则不用转群了）。

（1）做好转群上笼前的准备工作

① 对产蛋鸡舍、设备用具等进行消毒：在预产阶段需要转群的，要在转群前 3～5 天，同样要把产蛋鸡舍的设备安装好，并认真检查喂料系统、饮水系统、供电照明系统、通风换气系统、排水系统和笼具、笼架等设备，如有异常应及时维修；堵塞鼠洞；关上门窗，进行消毒（与育雏室的消毒方法相同），门前消毒池放上消毒液。消毒后打开门窗，等鸡舍内没有福尔马林气味时，再在水槽内放水，料槽内放料，等待迎接育成鸡。

② 准备饲料：转群初期，除吃 7 天的育成鸡饲料后，就要更换为产蛋鸡饲料，因此，两种饲料都要准备好，饲料的数量按每只鸡每天 80 克料准备 1 周的量。与育成鸡转舍一样，入笼前也要在料槽中先添加育成期的饲料，水槽中注入水，并保持适宜光照强度，使鸡入笼后立即饮到水、吃到料，尽快熟悉环境。

③ 预防转群应激：转群前后 3 天内同样添加 50%的多种维生素或饮电解质溶液。转群前 6～12 小时停止喂料，但不停止供水。

(2)转群上笼

转群时，同样在天刚黑时进行，动作不可粗暴，应轻抓轻放。

在转群的同时，也要对转群鸡进行严格进行的挑选，把体重较小的和较大的鸡留下来，分别装在不同的笼内，采取补饲和限饲措施加强管理。如过小鸡装在温度比较高、阳光充足的南侧中层笼内，适当增加营养，促进其生长发育；过大鸡则应适当限饲。

转群时，根据原先笼内产蛋时的容鸡数量(一笼 2 只或 3 只产蛋鸡)的设计放入产前母鸡(见彩图 7)。每个单笼一次放够数量，避免先入笼的欺负后入笼的鸡。

3. 做好产前母鸡的日常管理工作

开产前的母鸡，一方面要长身体，增加体重；另一方面又要迅速发育生殖系统，为进入成年产蛋期做准备。开始产蛋以后产蛋率逐日增加，而且上升很快，蛋重也一天比一天大。在这种情况下如果营养跟不上，不但延缓了鸡的发育而且使鸡的产蛋性能得不到充分发挥，也就是说达不到应该达到的最高产蛋极限，高峰持续时间也短。

(1)饲喂

① 日粮过渡：从育成饲料换成产蛋鸡饲料时需要用 7 天的时间作为过渡。第 1～2 天，2/3 的育成期饲料+1/3 产蛋鸡饲料；第

3～4 天，1/2 育成期饲料＋1/2 产蛋鸡饲料；第 5～7 天，1/3 育成期饲料＋2/3 产蛋鸡饲料，到第 8 天时完全饲喂产蛋鸡料。

② 饲喂量：为使其顺利进入产蛋高峰期，减少高峰期可能发生的营养负平衡对生产的影响，从 110～120 日龄开始应给予产蛋初期料，自由采食，保证槽中有料，让母鸡在体内储备充足的营养和体力。

③ 饲喂方式：采用干粉料饲喂的继续采用干粉料，采用湿拌料饲喂的继续采用湿拌料，不要突然更换饲喂饲料形状。这一时期鸡的卵巢和第二性征（鸡冠、肉髯）发育很快，采食量显着增加，必须任其自由采食，开灯期间饲槽中要始终有料，以满足其营养需要。

④ 预防死亡：此阶段是蛋鸡饲养的关键时期，由于大部分蛋鸡由非产蛋状态，突然转入产蛋状态，体内激素分泌不稳定，抵抗力下降，常出现产畸型蛋、带血蛋等，并且如果饲养管理不当，还会经常突然死亡。因此，每隔 10～15 天使用菌特或阿利唑饮水，或安康拌料，配合惠维素饮水，能避免此类死亡。

⑤ 提高钙的比例：育成期钙的需要量在 1％左右，基本上就能满足鸡只生长发育的需要，但进入产蛋期后由于产蛋的需要，钙的需求量明显上升，钙含量要求在 2.5％左右，才能满足需要。因此，一般从预产期开始（18 周）逐渐添加贝壳粉（石灰石粉、蛋壳粉）的含量，也可以根据鸡群的情况及时的调整补钙的时间。适宜的补钙时间能够增强肠道对钙质的吸收作用和骨骼中钙的储存与沉积作用。补钙过早，骨骼的贮钙和肠道对钙的吸收能力没有得到充分发挥，以至于后期造成骨质疏松，容易发生大群的蛋鸡产蛋期疲劳综合征；补钙时间过晚，如开产后再进行补钙，蛋鸡为满足产蛋对钙的需要，就会动员骨骼中的钙质参与蛋壳合成，时间一长，就会使蛋鸡的钙缺乏，导致软骨症、佝偻病和瘫痪等疾病的发生，直接影响产蛋量，而且还会导致产蛋推迟，软壳蛋、无壳蛋明显

增多，同时影响后期的产蛋率及蛋壳品质。

另外，贝壳粉（石灰石粉、蛋壳粉）的添加幅度要适宜，否则会引起鸡群的严重腹泻。通常情况下，都是随着鸡群产蛋率的增加而适度增加钙的含量，一般1周的增加量控制在0.5%左右，也可以根据产蛋率的上升情况确定增加的幅度，往往能达到较好的效果。

对于补钙的操作，还有几点值得注意：

◎ 饲料中的含钙量除了随着产蛋率的变化外，还应该随着采食量变化而变化。如夏季天气炎热，鸡的采食量减少，应适当增加饲料中钙的含量，同时，应注意钙磷比例，维生素D的补充，可在饲料中加入骨粉、维生素A、维生素D_3和浓鱼肝油等。

◎ 钙的摄取时间与蛋壳的形成效果有关，钙的摄取最重要的时间是下午，因为蛋壳是在下午开始完成的，午后给予的钙，不需经过骨骼而直接沉积成蛋壳。因此，应在下午把大粒的碳酸钙给产蛋鸡自由采食，为满足蛋壳形成所需要的钙质，可在夜间再补给一部分，按每只鸡每天供给贝壳粉或碳酸钙碎粒10～15克的拌入饲料中或直接置于料槽中让鸡自由采食。

⑥ 充足饮水：任何时候都要供给充足清洁的饮水，因为缺水的后果往往比缺料更严重。夏季要注意饮深井水，必要时可在水中加冰块；冬季要注意饮温水，防止水温过低给鸡带来应激。

（2）温度的控制合理

产蛋鸡最适宜的温度是13～25℃，过高、过低均不利于产蛋。

夏季高温季节，提高鸡舍内风速，通过风冷效将温度控制在25℃以内，防止高温影响鸡群生长，尤其是在密度逐渐增大的育成后期。

冬季为了保证鸡只的正常生长和舍内良好的通风换气，舍内温度要控制在13～18℃，最好不低于13℃；如果有条件可以安装供暖装置，将舍温控制在20℃左右，确保温度适宜和良好换气。

在春、秋季节转换时期，要防止季节变化导致的鸡舍温差剧烈变化或风速过大引起的冷应激。春季要预防刮大风和倒春寒天气；秋季要提前做好舍内降温工作，以利于鸡只适应外界气温的变化。

(3)合理的湿度

产蛋鸡的适宜湿度在60%～70%。湿度过低，鸡的羽毛紊乱，皮肤干燥，羽毛和喙、爪等色泽暗淡，并极容易造成鸡体脱水和引发多种呼吸道疾病；湿度过高，又会使鸡体污秽，病菌大量繁殖，容易引发多种疾病，使产蛋量下降。因此，生产中可结合喷雾提高舍内湿度，降低粉尘污染；通过加强通风降低舍内湿度。

(4)注意鸡舍通风

不论鸡舍大小或养鸡数量多少，保持舍内空气新鲜、通风良好是必不可少的。鸡舍通风不良，氧气、硫化氢、二氧化硫等有害气体蓄积，可诱发多种疾病，直接影响产蛋。鸡舍底部的地窗、中部大窗、房顶设带帽的排气窗，夏季全部开放，冬季可关闭中部大窗，仅打开部分地窗和房顶的排气窗，以便在冬季快速排出舍内污浊的空气。此外，冬季要密切注意通风系统，不可引起贼风或把舍内温度降得太低。

(5)光照控制与生理成熟期相符

在其他饲养条件能够基本满足鸡需要的条件下，光照管理是否严格、合理，则是鸡群能不能高产的关键因素。母鸡开产后，光照时间只能增长，不能缩短。开产后，如果减少光照时间，就意味着减少产蛋。

① 光照强度：光照强度与产蛋有一定关系，过暗会不利产蛋，过强又会使鸡显得神经质，容易惊群。所以，灯泡安装多在1.5～2米高度，采用7瓦节能灯泡即可。灯泡的行间距1.5米左右(如果灯泡行间距较远，可用9瓦节能灯泡)。使鸡舍内的照度要达到每平方米2瓦，并尽可能地使光照均匀，以满足产蛋鸡对光

的需要。

开产前在两排鸡笼之间的过道上方，每隔 3 米远距地面 2.5 米高安装 1 盏 7～9 瓦的节能灯泡(一般为每平方米 3.3～3.5 瓦)，做到照到每只鸡，消灭鸡舍光照死角。并且要经常擦拭，以免影响光照强度，降低鸡舍光照效果。

② 光照制度：家庭养鸡的鸡舍一般是前后都安装有窗户，这就可以充分利用自然光。但是，自然光的光照时间，随着季节的不同变化很大。要想维持产蛋鸡对光的需要，就要根据不同季节的自然光照规律，制定人工补光的管理制度。生产实践证明，从 18 周龄开始，每周延长光照 0.5～1 小时，使产蛋初期的光照时间逐渐增加至 14 小时就足够(过去为 16 小时，但经过实践证明，每天 16 小时与 14 小时光照对产蛋量没有影响，并且每天 14 小时光照可以节省 2 小时电。如果在整个产蛋期每天节约 2 个小时的电量，再加上使用 7 瓦或 9 瓦的节能灯，一个生产周期下来可以节省不少电费)，然后稳定在这一水平上，切勿随意减少，直到 50 周龄(产蛋高峰期结束后再开始增加光照)。采用自然光照的鸡群，如自然光照时间不足，则用人工光照补足。

为了方便管理，无论在哪个季节都是早 6 点钟到晚 20 点钟为其光照时间，即每早 6 点钟开灯，日出后关灯，日落前再开灯至规定时间。完全采用人工光照的鸡群，可从早 6 点钟开始光照至 20 点钟结束。

(6)防应激

鸡群开始产第一个蛋的日期叫见蛋日龄，开始见蛋不等于大群开产，产蛋率达到 50%时才能代表全群开产。因此，把产蛋率达到 50%的日期叫做全群开产日龄。

开产是蛋鸡一生中的重大转折，在产首枚蛋前的 1～3 天，小母鸡的日采食量会下降 15%～20%。临产前后其生殖系统迅速发育成熟，体重仍在增长；长时间光照导致休息时间缩短，采食和活动的时间相对延长等，这些在其生理上也是极大的应激，所以应尽可能的保持鸡舍及周围环境的安静，饲养人员应穿固定的工作服，闲杂人员不得进入鸡舍；把门窗、通气孔网、铁丝网封住，防止猫、犬、鸟、鼠等进入鸡舍；严禁在鸡舍周围燃放烟花爆竹；饲料加工、装卸应远离鸡舍，防止噪音应激等，以减少各种应激。也可在饲料或饮水中加入维生素C、速溶多种维生素、延胡索酸等以缓解应激。

(7)称重

产蛋初期，每两周称重1次，每次用随机抽样法称鸡群数的1%，求出最大、最小及平均体重，然后与标准体重对比，据此调整喂料量和调整饲料配方。高峰期过后应保持原有喂料量，等产蛋量下降较大时，再缓慢降低喂料量，切忌过早降低喂料量，因为高峰过后产蛋率虽下降，但蛋重仍在增加。

(8)驱虫

入笼后最好进行1次彻底的驱虫，每千克体重用左旋咪唑20～40毫克或驱蛔灵200～300毫克，拌料喂饲，每天1次，连用2天以驱除蛔虫；每千克体重用硫双二氯酚100～200毫克，拌料喂饲，每天1次，连用2天以驱绦虫；对体表寄生虫如螨、虱等可喷洒药物驱除，对体内寄生虫可内服丙硫咪唑20～30毫克/千克体重，或用阿福丁(虫克星)拌料服用。

(9)疫病预防

产蛋鸡进入预产期后，体内生理变化很大，无论是肉体上还是精神上都处于一种生理应激状态，再加上转群、免疫、驱虫等影响，机体抵抗力下降，容易发生各种疾病。

① 开产前要进行免疫接种：120日龄进行开产前的疫苗接种。这次免疫接种对防止产蛋期疫病发生至关重要，主要预防新城疫、鸡传染性支气管炎、减蛋综合征，用新城疫－传支－减蛋综合征油乳剂灭活苗(大三联)0.5毫升肌内注射。

② 每天早晨观察粪便:正常粪便是成形的,以条状多见,表面有一层白色的尿酸盐。而牛奶样粪便、节段状粪便、稀薄粪便、蛋清状粪便、血液粪便、肉红色粪便和黄、绿白色粪便都是不正常粪便。

③ 每天应全面检查一次鸡群:最好在第1次投料时,发现有不吃料、冠子发紫、发黑、闭眼、缩颈、翅或尾下垂、张口喘、眼鼻有大量分泌物、眼肿、肉髯肿等现象的鸡,应及时挑出,放在水槽下游观察、治疗,以防感染其他健康鸡,无治疗价值的应立即淘汰。发现脱肛鸡、啄肛鸡、受欺负鸡和病弱残疾鸡,挑出另行处理。

④ 听呼吸音:每天夜间停止光照后,待鸡群安静下来后,静悄悄地进入鸡舍,静听鸡群有无呼吸道症状,如有咳嗽声、沙哑叫声,干、湿啰音等,必须马上挑出,有1只挑1只,不能拖延,并要进行隔离治疗,以防暴发传染病。

⑤ 发现疾病及时处理:如发现疾病,应每天观察鸡群中的异常情况,及时投药,控制蔓延。此时痢特灵、链霉素等对产蛋有影响的药物应慎用。当鸡群中突然死鸡且数量较多时,必须马上剖检,分析原因,防止疫病流行。

(10)捡蛋

结合鸡群产蛋情况,及时调整捡蛋次数,鸡群一般在上午产蛋较多,时间集中在上午8～11点,所以上午的捡蛋需要相应增加,要求最低不少于3次,及时捡蛋能有效降低鸡蛋在鸡舍里面被污染的几率,当鸡舍温、湿度较高时,留在鸡舍的鸡蛋可能会感染细菌,给储存带来麻烦。

(11)淘汰未开产鸡

为提高养鸡经济效益,要及时淘汰低产鸡。开产后5～6周时,如仍有个别鸡未开产,应予淘汰。

4. 做好产蛋初期异常情况的处理

(1)产蛋困难综合征

该情况通常发生于初产蛋鸡。发病的时间一般在凌晨2时至当天下午2时,患鸡发出嘎嘎的尖叫声,可使鸡群惊恐不安。病鸡体温升高,两腿向后伸直,全身呈麻痹状态,呼吸困难,手触泄殖腔可摸到蛋,若不及时助产可很快死亡。排蛋后的患鸡卧地不起,排出乳白色蛋清样稀便或白、绿、黄色稀便,产蛋量下降,软蛋、破蛋增多。

发病原因:主要是育成鸡体质下降,被大肠杆菌侵袭而引发输卵管炎所致。另外,饲料中蛋白质含量过高,缺乏必需的维生素和微量元素也可导致该病的发生。

处理方法:

① 产蛋困难的母鸡,可向其泻殖腔注入植物油或石蜡油2~5毫升,然后用双手上、下挤压,将蛋排出。

② 混饲氯霉素,剂量为饲料量的0.3%,连用5天,并每只鸡肌内注射庆大霉素2万~4万国际单位,每天2次,连用3天。

防治方法:产蛋鸡饲料中蛋白质含量不宜过高,产蛋前期可在12%,同时,每只鸡每天添加1~2毫升鱼肝油。每100千克饲料添加0.22克亚硒酸钠和10~25毫克维生素E。

(2)输卵管脱垂症

输卵管脱垂症是母鸡输卵管外翻,失去自行恢复能力的现象。脱肛多发于初产母鸡,高发于高产母鸡。如不及时治疗,还会诱发啄肛,严重影响产蛋,甚至引起死亡,严重影响养鸡的经济效益。

发病原因:鸡体过肥、母鸡过早或过晚开产、日粮中蛋白质供给过剩、日粮中维生素A和维生素E缺乏、光照不当或维生素D供给不足,以及一些病理方面的因素,如泄殖腔炎症、鸡白痢、球虫病及腹腔肿瘤等。

处理方法:一旦发现脱肛鸡,要立即隔离,对症状较轻的鸡,可用1%的高锰酸钾溶液洗净脱出部分,然后涂上紫药水,撒敷消炎粉或土霉素粉，用手将其按揉复位。饲料中多种维生素的量要加倍，微量元素额外添加 0.05%，同时饮水中加入抗生素预防继发感染。

对经上述方法整复无效的，可让病鸡减食或绝食 2 天，控制产蛋，然后在其肛门周围用 1%的普鲁卡因注射液 5～10 毫升分 3～4 点封闭注射，再用一根长 20～30 厘米的胶皮筋做缝合线（粗细以能穿过三棱缝合针的针孔为宜），在肛门左右两侧皮肤上各缝合 2 针，将缝合线拉紧打结，3 天后拆线即可痊愈。重症鸡大部分愈后不良，没有治疗价值，应及时淘汰。

防治方法：

① 控制光照时间：蛋鸡在育成期光照时间应控制在 8 小时内，开产后每周逐渐增加光照 30 分钟，把光照时间延长至 14 小时，稳定不变。

② 在产蛋早期饲料中，适量加入浓缩鱼肝油，适当增加维生素 A 的含量。

③ 提高体重均匀度：要定期进行抽样称重，算出均匀度，并把过小、过大鸡只挑出来分群饲养，适当增加料量或限制饲喂，以提高整个鸡群发育的整齐度，从而尽可能保证每只鸡在开产前体重都能超出标准体重 5%～10%，减少脱肛的几率。

④ 减缓鸡群应激：从 18 周龄开始，每隔 2 周使用抗应激药物、多种维生素等以增强鸡群抗病和抗应激能力，同时加强饲养管理，给鸡群创造一个利于其生产的良好环境和营养条件，避免产蛋状态鸡因应激而使外翻输卵管不能正常复位。

⑤ 及时防疫治病：产蛋期要及时预防和诊治卵黄性腹膜炎、输卵管炎、泄殖腔炎似及腹泻病，扎实做好沙门菌病及大肠杆菌病的防治工作。可采用速效、安全的复方禽菌灵，每 15～20 天 1 次或交叉投药，预防效果良好。当产蛋鸡发生疾病时，用土霉素每升水 60～250 毫克混饮或恩诺沙星每升水 25～75 毫克混饮、硫酸新

霉素每升水 50～75 毫克混饮或每千克饲料 77～154 克混饲，连用 3～5 天。

对传染性法氏囊、禽流感、传染性支气管炎以及产蛋下降综合征分别做好预防免疫。

（3）初产蛋鸡水样腹泻

母鸡刚开产就表现排水样粪便，粪便的固体成分较少，大量水分夹杂着一些未消化的饲料，腹泻的鸡肛门周围的羽毛潮湿，粪便的颜色相对比较正常，严重时，走近鸡能听见“哗啦哗啦”的排水便声；腹泻鸡的精神、采食量基本正常，饮水增多，蛋壳颜色正常，但产蛋率上升可能慢一些，鸡群无死亡，当产蛋率达 80%左右，腹泻往往自然停止；在腹泻期间，药物治疗无效或暂时性有效，停药后又复发。

发病原因：

① 初产蛋鸡代谢旺盛，生理变化大，加上转群、环境变化等对鸡体造成很大的应激，同时大部分的营养物质供应产蛋，机体免疫力和自体调节机能随之降低，导致消化机能下降，加上更换产蛋初期料，消化道暂时无法适应，引起腹泻。

② 初期料中矿物质的含量很高，大量的钙、磷、锌、钠等离子蓄积在肠道内，使肠道内渗透压升高，在很大程度上阻止了肠道对水分的吸收，而且饲料中含量较高的石粉、贝壳粉又机械性刺激肠壁，使肠道蠕动加快，引起腹泻。

③ 在育成后期，料中米糠或麸皮的添加量较高，或使用的浓缩料、预混料中次粉含量较高，饲料中的粗纤维含量较高，使肠蠕动加快引起腹泻。

④ 产蛋鸡初期料中的蛋白含量较高或加入杂粕含量高以及豆粕过生都可刺激肠道，引起腹泻。

⑤ 许多养殖户和兽医人员误把该种腹泻诊断为病原性腹泻，使用大量的抗菌药物治疗，结果大量、长期的使用抗生素造成肠道

内正常菌群失调和肠机能紊乱，加重了腹泻症状。

处理方法：

① 水量为平时的1/4，待腹泻症状消失，再恢复正常饮水量。

② 饲料中添加加酶（产酶）益生素，用量按说明规定连用5～7天。

③ 复方地芬诺酪片（复方苯乙哌啶片）每只鸡1片研碎拌料，每天上午喂1次，连喂3天。

④ 在饲料中添加消化道抗菌药“磷钙诺克”，连用5～7天。

防治方法：

① 育成后期，应把饲料中粗纤维的含量控制在合理的范围内，钙的含量也不能添加的太高，1.5%～1.8%比较合适，同时保证饲料的品质，防止霉变。

② 鸡群换料时，要进行过渡饲喂，一般在5～7天内换完，以防饲料中过高石粉和蛋白饲料对肠道的刺激。

③ 饲料中添加腐殖酸钠（每千克饲料10克）或益生素，有较好的防治作用。

④ 鸡群患顽固性大肠杆菌病、沙门菌病以及病毒性肠炎等，也能造成水样腹泻，此时投喂氟苯尼考加抗病毒中药连喂5天即可好转。

(4)产蛋异常

初产蛋鸡在产蛋过程中，有部分鸡常出现一些异常现象。如产蛋无规律，蛋与蛋之间间隔时间长；产软皮蛋；1天之内产1个异状蛋，1个正常蛋，或2个均为异状蛋；产很小的蛋。

蛋鸡从开产到休产的整个过程中，共分3个阶段：一是始产期，二是主产期，三是终产期。鸡从开始产第一个蛋到正常产蛋开始称为始产期，上述异常情况都出现在这个阶段。始产期过后，这些异常的现象也随之消失，此期持续时间很短，大约经15天即可结束而进入主产期。鸡进入产蛋高峰期后，不但异常现象消失，而且产的蛋数量多、质量高。

第八招　切实做好产蛋高峰期的管理工作

1. 了解产蛋高峰期的生理特点

产蛋高峰期(21～50 周龄)是鸡群产出回报率最高阶段,也是鸡群产蛋期最为脆弱阶段,如管理不当容易发生疫病,将给全程效益造成重大影响。因此,要了解产蛋高峰期的特点,通过合理的管理以设法延长蛋鸡的产蛋高峰期,以获得最好的经济效益。

(1)冠、髯等第二性征变化明显

冠、髯长度增长完成,颜色由黄色变粉红色,再变至鲜亮的红色。

(2)体重的变化

各品种都有各自不同阶段的体重标准,转入产蛋阶段,不同品种的要求不尽相同,所以在管理产蛋鸡时要定期(4 周左右)抽样测定鸡群的体重。根据体重的变化情况及时调整饲料和其他饲养管理措施,使鸡只体况始终处于良好的状态,保证鸡群的高产和高成活率。

(3)生殖机能的变化

生理机能的成熟与完善主要发生在产蛋前期。据研究发现,生长发育正常的蛋鸡,在 18 周龄时卵巢平均重量约为 2 克,卵巢中的初级卵泡开始发育生长,逐渐形成大小不一的生长卵泡,其中有 4～6 个卵泡生长特别快,经过 9～14 天便可发育为成熟卵泡。20 周龄时卵巢重量达到 25 克左右,发育成熟的卵泡开始排卵。在卵巢快速生长发育的同时,输卵管、子宫也在快速发育生长,具有了接纳卵子,分泌蛋白、膜壳的机能。卵巢排出的卵子被输卵管伞部接纳,进入输卵管,在输卵管蛋白分泌部裹上蛋白,经峡部时形成内、外两层壳膜，然后进入子宫，形成硬蛋壳。当蛋壳完全形成后，再被覆盖上胶质膜，这样一个蛋便完全形成，并很快被产出体外。

每个蛋产出的间隔时间，不同品种、品系有所不同；同品种、品系的高产个体与低产个体也不同，高产鸡产蛋间隔23～25小时，低产鸡则需30小时以上；同1只鸡，在1个产蛋周期内的阶段不同，其产蛋间隔时间也有差别。

到24周龄时，鸡卵巢重达60克左右，与生殖有关的激素分泌机能进入最为活跃的时期。其外在表现是产蛋率以近于直线的速度上升，整个鸡群进入产蛋高峰期。

(4)鸣叫声的变化

快要开产和开产日期不太长的鸡，经常发出"咯、咯"的叫声，鸡舍里此叫声不绝，说明鸡群的产蛋率会很快上升。此时饲养管理要更精心细致，特别要防止突然应激现象的发生。

(5)皮肤色素的变化

产蛋开始后，鸡皮肤上的黄色素呈现逐渐有序的消褪现象。其消褪顺序是眼周围－耳周围－喙尖至喙根－胫爪。高产鸡黄色素消褪得快，寡产鸡黄色素消褪得慢。停产的鸡黄色素会逐渐再次沉积。所以，根据黄色素消褪情况，可以判断产蛋性能的高低。

(6)产蛋的变化规律

产蛋情况的变化是生理变化的产物，直接地反映出鸡的生理状况。现代蛋用品种的产蛋性能在正常的饲养管理情况下都很高，开产时间、产蛋数量、总蛋量也很相近。在体型、体重和平均产蛋量等方面，褐壳和白壳品种间有一定的差异，粉壳品种介于两者之间。白壳蛋鸡体型较小，成年鸡平均体重一般在1.5千克左右，平均蛋重在60克左右。褐壳品种体型较大，成年鸡体重一般在1.7千克左右，平均蛋量63～64克。粉壳品种介于两者之间。

2. 做好产蛋高峰期的日常管理工作

鸡的生产性能受遗传和环境两方面作用，优良的鸡种只是具备了高产的遗传基础，其生产力能否表现出来与环境的关系很大。因为遗传因素只占5%～50%，50%～95%取决于环境条件。因此，产蛋期管理的中心任务是为鸡群创造适宜与卫生的环境条件，充分发挥其遗传潜力，达到高产稳产的目的，同时降低鸡群的死淘率与蛋破损率，尽可能地节约饲料，最大限度地提高蛋鸡的经济效益。

(1)饲喂

① 饲喂量：从鸡的生理角度上讲，鸡开始产蛋后，喂再多的饲料也下不了更多的蛋了。但许多蛋鸡养殖户不明白这个道理，还采用早晨、中午和晚上3次喂料方式，保证鸡能随时有料吃。

大家都知道，养蛋鸡的目的是产蛋，饲料只要能满足鸡生长和产蛋的需要就行了，吃多了长肥了反而不利于产蛋。在调查中发现，有养殖者每天只喂2次料，早晨1次，傍晚1次(如果1天按采食量1次加足，料槽里很满，鸡就很容易把饲料勾到外面，造成浪费，所以还是分2次比较好)，并且早上少喂，傍晚多喂，不仅对鸡的产蛋没有任何影响，还节省了大量的饲料和人工。这是因为每天的8点到12点是鸡的产蛋时间，如果中午去喂料，正下一半蛋的鸡站起来抢料吃，蛋就容易破。另外，早上少喂是为了在2次喂料中间有个空槽时间，让鸡有一点饥饿感，调动鸡的食欲，减少勾料的机会，上去就吃，就可节省饲料。根据蛋黄、蛋白是在前段形成的，蛋壳是最后形成的原理(因为蛋壳的形成时间比较长，大概需要得18个小时，蛋壳的最后阶段就是在晚上形成)，只有在晚上随时能吃到料，营养充分，才能保证体内有丰富的钙质吸收，有利于蛋壳的形成。晚上这顿料投喂的数量要保证第二天早晨重新投料时，食槽里还稍微有点余料就行了。这样既满足了鸡的需要，还不浪费，从而节约大量的饲料成本。

② 饲喂方式：采用干粉料饲喂的继续采用干粉料，采用湿拌料饲喂的继续采用湿拌料，不要突然更换饲喂饲料形状。

③ 补钙：产蛋高峰期间，鸡对钙的需要量增加，日粮中钙的含量应由日常的3%提高到3.5%～4%。但日粮中钙的含量也不能过高，否则容易影响鸡的食欲。

④ 补喂沙粒：鸡肌胃中有沙粒，可使饲料的消化率提高3%左右。因此，产蛋鸡每百只每周应补喂沙粒500克。饲喂时每周固定1天，一次集中补喂，把沙粒均匀地撒在饲料上，任其自由采食。

⑤ 给水：必须不断供给新鲜饮水。蛋鸡若断水24小时，产蛋量就会下降30%，补水后30天才能恢复正常生产；若断水48小时，则会有死亡现象。由于鸡的饮水量随着气温和产蛋率的上升而增加，在炎热季节或高产期，更应保证清洁饮水不间断。

(2)注意保持稳定光照

产蛋期的光照时间应稳定在14小时。人工补光的时间应保持稳定，如鸡舍突然停止、缩短光照时间或减弱光照强度，都可使产蛋率下降。

(3)温度的控制

产蛋鸡的生产适宜温度范围是15～25℃，最佳温度范围是18～23℃。相对来讲，冷应激比热应激的影响小。在较高环境温度下(约在24℃以上)，其产蛋蛋重就开始降低；27℃时产蛋数、蛋重降低，而且蛋壳厚度迅速降低，同时死亡率增加；达37.5℃时产蛋量急剧下降，温度在43℃以上，超过3小时母鸡就会死亡。因此，应做好夏季的通风、遮阳、喷雾或增加一些防暑降温的药(冰片、生石膏、小苏打、大青叶)，或保证足够的清洁凉爽的饮水等降温措施和冬季的保温工作(如北边的窗户钉塑料布，在舍内添加增温设置等)。

(4)合理的湿度

产蛋鸡环境的适宜湿度是60%～65%，但在40%～72%的范围，只要温度不偏高或偏低对蛋鸡影响不大。高温时，鸡主要通过蒸发散热，如果湿度较大，会阻碍蒸发散热，造成热应激。低温高湿环境，鸡散失热较多，采食量大、饲料消耗增加，严寒时会降低生产性能。在饲养管理过程中，尽量减少用水，及时清除粪便，保持舍内通风良好等，都可以降低舍内的湿度。

(5)保持鸡舍空气清新

空气污浊、氨和二氧化碳过量都会损害鸡的健康，从而引起产蛋率下降。因此，产蛋鸡舍内二氧化碳浓度应低于0.3%，氨气浓度小于0.0015%，硫化氢浓度不超过0.001%。因此，根据不同季节的气候，在掌握好鸡舍的温、湿度的前提下，给予足够的通风换气，搞好清洁卫生，减少鸡粪在鸡舍内的停留时间是至关重要的。在无检测仪器的条件下以人进鸡舍感觉不刺眼、不流泪、无过臭气味为宜。

(6)日常管理

① 制定完善的管理规范：由于鸡的品种不同，各品种生产性能和饲养管理要求有一定差异性，加之饲养方法、气候、设备、市场需求不同，必须制定出适合本品种与本场条件的管理规范，完善各种规章制度，以获得最佳的经济效益。

② 适时收蛋：蛋鸡的产蛋高峰一般在日出后的3～4小时，下午产蛋量占全天的20%～30%。因此，每日至少上、下午各捡蛋1次，夏季3次。捡蛋时动作要轻，减少破损。集蛋时将破蛋、砂皮蛋、软蛋、特大蛋、特小蛋单独存放，不作为鲜蛋销售，可用于蛋品加工。

鸡蛋可用纸蛋盘或塑料蛋盘盛放。使用纸箱包装，每箱10盘或12盘。鸡蛋产出到蛋库保存不得超过2小时，因此，鸡蛋收集后立即送蛋库保存。蛋库温度在10～15℃，湿度60%～70%。储存时间不得超过7天。

③ 每天观察鸡群动态：每天喂料、饮水、捡蛋时，发现有不正常的鸡、啄斗的鸡都要及时捡出来调换笼子，有条件的最好单独饲养；对于向上层笼啄蛋的鸡，可将其调到上层笼；对伸颈用喙勾蛋的鸡应予淘汰，或将其放入单笼。

每天观察鸡群的神态和食欲等，整个鸡群采食量降低，饮水量减少，可能是发病先兆，要高度重视；对个别打蔫、不上槽采食、饮水的鸡，要尽快隔离出去治疗；对拉绿色、血便，白色稀便、水样便的鸡，一定要高度重视，进一步细致观察，可能是某种疾病的预兆；要在夜间不定时地查舍，静听有无呼吸道异常声音，有无排出特殊气味的鸡群，一旦发现有病，立即采取有效措施，以防蔓延；若有不明原因死亡的鸡，立即送到兽医部门剖检诊断、化验等。

④ 定期抽测体重：对产蛋鸡来说，最好每月抽测体重1次。抽测的数量应占鸡群的1%～2%，当平均体重低于或高于标准30克以上时，应及时调整饲养方案。

⑤ 加强卫生防疫工作：处于高峰期的鸡群，体质与抗体消耗均比较大，抵抗力随之下降，为各种疾病提供了可乘之机，因此在高峰阶段应严抓防疫关，防止疫病的发生。

◎ 饲养人员进舍前，必须更衣、换鞋帽，喂鸡前洗手消毒。

◎ 鸡舍门外消毒槽内每周要更换1次消毒液，进入鸡舍经消毒池消毒后才能与鸡接触。

◎ 每天用湿拖布拖擦地面，防止羽屑、尘埃飞扬，能有效地预防马立克病及呼吸系统疾病。

◎ 饲养用具坚持每天刷洗，3～5天消毒1次。

◎ 每次清除粪便后要带鸡消毒1次，粪便堆积在鸡场外下风头，距鸡舍100米处生物发酵，严禁在大门口处或鸡舍院内堆积粪便。病死的鸡必须焚烧或深埋。

⑥ 减少应激：应激因素的刺激，如噪音、突然光照过强、疫苗

接种、夜间鼠害、陌生人入舍、突然更换饲料、燃放烟花爆竹等引起鸡的应激反应，从而影响肠道对营养物质的吸收利用，缩短鸡蛋在子宫中的滞留时间或造成内分泌紊乱，使蛋壳不能正常形成，出现畸形蛋、薄壳蛋、软壳蛋和无壳蛋。日常管理中尽量减少或避免应激的发生。

◎ 要保持鸡舍及周围环境的安静，饲养人员应穿固定工作服，严禁穿红、绿色或颜色艳丽的服装喂鸡，否则极容易引起应激反应，影响产蛋。闲杂人员不得进入鸡舍。

◎ 尽量减少进出鸡舍的次数，保持鸡舍环境安静。

◎ 定期在舍外投药饵以消灭老鼠。

◎ 把门窗、通气孔用铁丝网封住，防止猫、犬、鸟、鼠等进入鸡舍。

◎ 严禁在鸡舍周围燃放烟花爆竹。

◎ 饲料加工、装卸应远离鸡舍，这不仅可以防止噪声应激，而且还可以防止鸡群疾病的交叉感染。

⑦ 检查舍内设施及运转情况，发现问题，及时解决。

⑧ 做好各项记录工作：各种记录数据和资料是鸡场经营管理的基础。对鸡的数量、饲料消耗、喂量、产蛋数、气温、用药、消毒、预防接种等都要认真记录，每周整理 1 次。另外，根据生产记录对照该鸡种生产性能各项指标加以比较，做出正确的判定。

(7)适当淘汰低产鸡

进入产蛋期以后，及时淘汰低产蛋鸡是减少饲料消耗，降低成本和提高笼位利用率，提高蛋鸡经济效益所不可缺少的重要环节，也是确保养殖效益的重要手段之一。一般在 50%产蛋率时，进行第 1 次淘汰；进入高峰期后 1 个月进行第 2 次淘汰。但在实际生产中淘汰蛋鸡，往往通过经验和感觉进行淘汰，这种淘汰方法很不科学，更不准确，出入很大，常出现“误逃”现象。为了使养殖者淘汰蛋鸡更科学，下面将辨认低产蛋鸡的方法介绍给大家。

① 鸡体瘦小型：多见于大群鸡进入产蛋高峰期，200 日龄以上的鸡只，其体型和体重均小于正常鸡的标准，脸不红，冠不大，髯小，显得特别瘦弱，胆小如鼠，因容易受其他鸡的攻击，常窜来窜去，干扰其他鸡的正常生活。

② 鸡体肥胖型：大群鸡产蛋高峰期后，此时正常的高产蛋鸡通常羽毛不整，羽色暗淡，体型略瘦，而肥胖型的低产鸡则体型与体重远远超出正常蛋鸡的标准，羽毛油光发亮，冠红且厚，髯发达，行动笨拙，只长膘不产蛋。腹下两坐骨结节之间的距离仅有二指左右。一般产蛋鸡则在三指半以上。在产蛋鸡群中发现特别肥胖的鸡应立即予以剔除，产蛋高峰期后发现鸡群中冠红体肥的鸡应立即淘汰。

③ 从鸡冠上辨别：高产鸡的鸡冠红大、柔软、细腻有温度、倒向一侧、正常红色。低产鸡、甚至不产蛋的鸡，鸡冠立起不倒、有白点或白霜、冠薄。如果患有马立克病，鸡冠萎缩、没有温度、冠凉；若有紫冠、黑冠的鸡要及时淘汰。

④ 从鸡腿、嘴的颜色辨别（产蛋前黄腿、黄嘴）：高产鸡，腿色越重产蛋率越高，250～300 日龄的仍然是黄腿、黄嘴的为低产鸡，甚至为不产蛋鸡。产白壳蛋的鸡，腿、嘴为正黄色；产粉色壳蛋的鸡，腿、嘴为棕黄色。

⑤ 从羽毛上辨别：高产鸡羽毛土色、蓬乱、不油亮、不光滑，颈部、背部、胸部有羽毛脱落或掉光的为高产鸡，如经常顺毛打扮，这样的鸡为低产鸡。

⑥ 从肛门上辨别：肛门括约肌松弛，挤压阔约肌周围富有弹性，有湿润感，并立即收缩，流出黏性分泌物，这样的鸡为高产鸡。肛门缩紧、周围肌腹挤压没有弹性，没有湿润感的为低产鸡。

⑦ 从采食情况上辨别：饲喂时，高产鸡如饿虎扑食，狼吞虎咽、食欲旺盛，吃时不抬头、不挑食、迅速吃净。挑食不爱吃，甚至将饲料只啄不吃的鸡为低产鸡、不产蛋的鸡。

⑧ 从粪便上辨别：高产鸡粪便成型，形状成小头带白色，夏季喝水多一些，也基本成型，颜色正常。低产鸡及不产蛋的母鸡，粪便细长，干粪便较多。

⑨ 从耻骨上辨别（摸裆）：高产鸡耻骨伸张柔软、开张有弹力，有3～4指宽。低产鸡耻骨端紧硬，距离近，一般只容1～2指，向内弯且硬。

⑩ 从腹部上辨别：高产鸡腹部宽大。低产鸡腹部窄小、瘦弱、胸骨尖似刀刃。

3. 产蛋率上升缓慢或没有产蛋高峰期的处理

在正确的饲养管理下，22～23周龄时，产蛋率即可达50%，2～3周内便上升到80%以上，27～28周龄时产蛋率可超过90%。实际工作中常见到不少鸡群开产日龄滞后，开产后产蛋率上升缓慢。27～28周龄才达到80%，以后的最高峰值也达不到90%。

(1)产蛋率上升缓慢或没有产蛋高峰期的原因

① 品种不纯：可能是商品蛋鸡受精所产的种蛋孵化出来的后代，品种退化所致，产蛋率大致为70%左右。采取什么措施也不会提高产蛋率。

② 后备鸡培育得不好：也就是育成阶段饲养管理不好或天热等造成后备鸡生长发育受阻，特别是12周龄之前的阶段内，对饲养管理不重视，营养不好，体重没有达到品种标准，鸡群体重大小参差不齐，均匀度不好。到开产周龄体重仍然不达标，大小参差不齐。换上产蛋高峰期高蛋白质饲料进行饲喂，产蛋率仍然升不上去。过肥、过瘦的母鸡都不产蛋，只有发育正常的母鸡才产蛋。

③ 未及时换料：育成鸡虽转入产蛋鸡舍，但没有及时更换饲料或是产蛋率达5%时仍使用育成鸡料，没有及时更换成高峰期用的饲料。

④ 饲料品质不好，舍不得喂好饲料：为了降低饲料成本，不用质量好的预混料或者购买了大量加脱毒不好的棉籽饼、菜籽饼、花生饼等，甚至饲料原料掺假，特别是豆粕、鱼粉、氨基酸等蛋白原料的掺假，直接影响产蛋率。或者自配料，饲料配方不合理，氨基酸、维生素、微量元素不足，也同样影响产蛋率。

⑤ 疫病的影响：譬如育成阶段鸡群发生过传染性支气管炎，影响输卵管的发育；或感染了衣原体病，造成患病鸡输卵管增粗肿大，也影响产蛋率；或者鸡群处于亚临床疾病状态以及非典型性新城疫、温和型禽流感，隐性型成年鸡白痢，慢性呼吸道疾病等均可影响鸡群的产蛋率。

⑥ 产蛋阶段光照不稳定或强度不够：实践证明，蛋鸡每天有14小时的光照就能满足产蛋高峰期的需求。补光时一定要按时开关灯，否则就会扰乱蛋鸡对光刺激形成的反应。

(2)预防措施

① 认真选好种鸡苗，到正规的种鸡厂购雏鸡。

② 搞好育雏、育成阶段的饲养管理，特别是要重视育成阶段的管理。适当限饲，经常称体重，根据体重是否达到标准或超重，而调整饲喂方案，使育成鸡开产时，体重80%以上达到开产体重。这样的鸡群才能高产，产蛋率上升快，容易达到高峰。

③ 使用营养全面、质量可靠的饲料。在选料上，不要单纯追求价格低，要选择好原料，不掺假、不发霉、无毒的原料。在使用中要看一下，给你带来多大效益。一定要算一下料蛋比(吃多少料，产出多少鸡蛋)，哪一种更合算。饲料营养除保障生存维持生命的营养之外，剩余的营养才变成鸡蛋，剩余的太多是浪费，剩余的少，产蛋率不高。

④ 开产前搞好相应日龄各种疫病的免疫接种工作，开产前后不要进行免疫接种工作。

⑤ 注意随时随地的气候变化，尽量减少因气候造成应激的减

蛋。经常搞好鸡舍环境控制，空气流通。

4. 产蛋量突然下降的处理

鸡群产蛋都有一定的规律，即开产后几周即可达到产蛋高峰，持续一段时间后，则开始缓慢下降，这种趋势一直持续到产蛋结束。若产蛋率出现突然下降，此时就要及时进行全面检查生产情况，通过分析，找出原因，并采取相应的措施。

（1）产蛋量突降的原因

① 环境因素

◎ 光照突然发生变化，如光照强度减弱、时间缩短，会引起蛋鸡产蛋量突然下降。

◎ 遭受寒流或热浪袭击，产蛋量会突然下降。

② 管理因素

◎ 停水或断料，如连续几天鸡群喂料不足、断水，都将导致鸡群产蛋量突然下降。

◎ 营养不足或骤变，饲料原料品质不良，例如熟豆饼突然更换为生豆饼，进口鱼粉突然换成国产鱼粉，使用了假氨基酸等。

◎ 饲料发霉变质。

◎ 饲料粒度太细，影响采食量。

◎ 饲料加工时疏忽大意，漏加食盐或重复添加食盐。

◎ 应激影响，如鸡舍内发生异常的声音，鼠、猫、鸟等小动物窜入鸡舍，以及管理人员捉鸡、清扫粪便等都可引起鸡群突然受惊，造成鸡群应激反应。

◎ 光照失控，如鸡舍发生突然停电，光照时间缩短，光照强度减弱，光照时间忽长忽短，照明开关忽开忽停等，这些都不利于鸡群的正常产蛋。

◎ 舍内通风不畅，如采用机械通风的鸡舍，在炎热夏天出现长时间的停电。

◎ 冬天为了保持鸡舍温度而长时间不进行通风，鸡舍内的空气污浊等都会影响鸡群的正常产蛋。

③ 疾病因素：有传染性支气管炎、新城疫、传染性喉气管炎，产蛋下降综合征、传染性脑脊髓炎和鸡痘等。例如，受强毒型新城疫侵袭时，鸡群产蛋率可由70%～90%突然下降为20%～40%；也曾有鸡群患温和性鸡新城疫使产蛋率突然下降20%～40%的病例报道。

(2)预防措施

① 蛋鸡开产后，为了预防新城疫，每隔2个月用新城疫克隆30-H120，3～4倍量饮水。

② 减少应激。

③ 科学光照：鸡舍要保持光照强度和光照时间的相对稳定。如要缩短光照时间和减弱光照强度，需要逐渐过渡，使鸡群有个适应的过程。

④ 冬季出入鸡舍要及时关门，窗户钉上塑料薄膜；夏季要遮阳，防止阳光直射鸡体，要注意做好预防工作。

⑤ 经常检修饮水系统：应做到经常检查饮水系统，发现漏水或堵塞现象应及时进行维修。

⑥ 做好预防、消毒、卫生工作：接种疫苗应在鸡的育雏及育成期进行，产蛋期也不要投喂对产蛋有影响的药物。及时进行打扫和清理工作，以保证鸡舍卫生状况良好。每周内进行1～2次常规消毒，如有疫情要每天消毒1～2次。

⑦ 科学喂料：固定喂料次数，按时喂料，不要突然减少喂量或限饲，同时应根据季节变化来调整喂料量。

⑧ 注意日常观察：注意观察鸡群的采食、粪便、羽毛、鸡冠、呼吸等状况，发现问题，应做到及时治疗。

5. 蛋鸡产薄壳蛋、软壳蛋的处理

造成蛋鸡产薄壳蛋或软蛋的原因很多，如饲料中营养不足，鸡舍温度过高或过低，以及鸡传染性气管炎、鸡新城疫、鸡白痢、肠炎等疾病，都会使鸡产薄壳蛋或软壳蛋。

（1）蛋鸡产薄壳蛋的原因

① 饲料因素

◎ 缺钙：产蛋鸡需要大量的钙来形成蛋壳，日粮中缺钙会产薄壳蛋或软蛋。

◎ 钙磷比例不当：一般日粮中钙、磷比例应以（6～8）∶1为宜。如二者比例不当，将导致产薄壳或软壳蛋。

◎ 饲料中维生素D的含量不足：维生素D在鸡体新陈代谢中，有着促进钙、磷吸收的作用。若钙吸收不足，血钙缺乏，鸡便产薄壳蛋或软壳蛋。

◎ 饲料霉变：饲料因保管不善而发生霉变，喂鸡后致使鸡的肝脏、肾脏等被黄曲霉素侵害，从而破坏了维生素D在鸡体内的代谢，导致鸡的体重减轻，饲料报酬降低，抗病力差，产蛋量减少，蛋壳变软。

② 管理因素

◎ 鸡舍温度不合理：温度过高或过低都会影响蛋壳质量。气温高于32℃时，鸡体散热困难，食欲下降，采食量减少；长期高温会破坏鸡体的营养平衡，引起代谢改变，使鸡的甲状腺机能下降，导致鸡体内钙量不足，容易产薄壳或软壳蛋。气温低于－12℃时，鸡采食量会减少，蛋壳也会变薄。

◎ 通风不良：鸡舍通风不良，造成氨气浓度过高，则引起呼吸性氨中毒，使鸡体内失去较多的二氧化碳，致使形成碳酸钙的碳酸根离子不足，影响对钙的吸收，从而引起产薄壳蛋或软壳蛋。

③ 生理因素

◎ 遗传因素:不同品种的鸡,蛋壳质量不同,如褐壳品种鸡蛋壳较厚,白壳品种鸡蛋壳较薄,容易破。

◎ 产蛋时间:一般鸡场上午 8 时左右饲喂,白天血钙浓度高,蛋鸡在成蛋过程中钙的分泌量充足,所以一般下午产的蛋壳较厚。而上午 10 时前产的蛋通常是在夜间形成的,夜间母鸡多处在休息状态,采食量很少,血钙浓度较低,所以上午产的蛋一般蛋壳较薄。

◎ 连续产蛋:母鸡在较长时间内连续产蛋,容易导致生理机能衰退,常使蛋壳变薄或产软壳蛋。

◎ 甲状腺机能失调:鸡体内甲状腺机能失调,会严重影响钙的吸收利用,从而产薄壳蛋或软壳蛋。

④ 疾病与药物的影响:鸡传染性气管炎、鸡新城疫、鸡白痢、肠炎,以及破坏生殖系统的其他疾病,也会使鸡产薄壳蛋或软壳蛋。鸡群密度过大,环境卫生不良和受惊吓等,均可导致鸡产薄壳蛋或软壳蛋。

(2)预防措施

① 饲料因素

◎ 缺钙的:要饲喂优质的、营养全面的饲料。根据经验,产蛋鸡的日粮中钙的含量以 3%~3.5%为佳,所以可在鸡配合饲料中添加 3%~4%的贝壳粉以补充钙的不足。一般在鸡开产前 2 周开始进行补钙。

◎ 缺磷的:鸡日粮中磷的需要量为 0.6%,其中有效磷应含 0.5%。所以饲料中须加 1%~2%的骨粉或磷酸钙,以补充钙磷不足。

◎ 钙磷比例不当的:由于鸡蛋壳的钙化主要发生在头天晚间,所以应适当延长傍晚采食时间。因此,每天傍晚给鸡补喂贝壳碎粒或骨粉,能提高蛋壳质量。

◎ 缺乏维生素 D 的:生产中一般在日粮中添加维生素 D_3。

用鱼肝油作为日粮中维生素 D 的补充剂和维生素 D 缺乏症治疗药物,可获得满意效果。

◎ 添加剂使用不当的:合理使用添加剂,能提高产蛋率和蛋壳质量。但目前我国使用的各种饲料添加剂中所含成分大不相同,必须根据鸡群情况从中选择适合的添加剂,并掌握好合理用量。

◎ 饲料霉变的:要妥善保管饲料,以防发潮霉变。

② 管理因素

◎ 鸡舍温度不合理的:夏季应通风降温,冬季要防寒保暖,使鸡舍内温度保持在 15～25℃之间,并根据季节调整产蛋鸡日粮中能量、蛋白质、矿物质的浓度,来提高产蛋率和蛋壳质量。饲料中添加 0.5%～1.5%小苏打混饲,可提高蛋壳强度,大大减少薄、软壳蛋。冬季日粮中添加 0.5%～1.0%辣椒粉,以使鸡增热,提高抗寒能力,同时增加供暖。

◎ 通风不良的:鸡舍内要通风换气,及时清理粪便,防止氨气浓度过高。

③ 生理因素

◎ 遗传因素的:选用蛋壳厚的品种,减少破蛋率。

◎ 连续产蛋的:提高饲料质量,增加动物蛋白质饲料,并常晒太阳,加强饲养管理,促使蛋鸡尽快恢复生理机能,才能确保鸡群正常产蛋。

◎ 甲状腺机能失调的:甲状腺机能失调的可喂 3～5 天甲状腺素片,能很快使蛋壳变硬。

④ 疾病与药物影响的:须按免疫程序及时接种鸡新城疫疫苗、鸡传染性气管炎疫苗、产蛋下降综合征疫苗、禽霍乱菌苗等;定期服用驱虫药,以保证产蛋质量和经济效益的提高。

6. 下小蛋的处理

蛋有两种类型，一种是有蛋黄，但蛋重明显低于各阶段品种标准；另一种是无蛋黄，大小和鸽子蛋差不多，这是畸形蛋类中的一种，其原因各不相同。

(1)产生小蛋的原因

① 蛋重小的产生原因：饲料中的能量、蛋白质过低。长期使用这种饲料会引起能量、蛋白质供应不足，以致蛋重偏小；饲料摄入量不足；体重过小；光照增加过早、过快，致使鸡群开产过早。

② 畸形小蛋的产生原因：经常产无卵黄小蛋，主要是输卵管有炎症引起。

(2)预防措施

① 供给能量、蛋白质合理配比的饲料，尤其是开产前(110 日龄左右)，利用 7 天时间，逐渐过渡到产蛋期饲料。

② 严格按照饲养标准供给鸡群足量的饲料。

③ 注重育成鸡饲养，防止鸡群体重过轻。

④ 鸡只开产时，平均蛋量应达 33 克，若低于 33 克，则应查明原因。

⑤ 及时治疗输卵管炎，痊愈后畸形小蛋就不会再产生了。

7. 蛋壳破损的处理

在蛋鸡生产中，鸡蛋破损率的高低直接影响养鸡的经济效益。正常情况下，鸡蛋破损率一般为 1%～3%，而有的鸡场破损率过高，甚至达到 6%以上，尤其在初产鸡表现比较严重。因此，找出高破损率的原因及预防措施，对提高养鸡效益有重要意义。

(1)蛋壳破损的原因

① 遗传因素：一般白壳蛋厚于褐壳蛋；而褐壳蛋的抗破碎性高，具有比较好的蛋壳强度。

② 营养:合理充足的营养是保证蛋鸡正常生长、生产的基础,必须使饲料中的蛋白质、能量、矿物质、维生素等比例合理充足。而对产蛋鸡而言,由于形成蛋壳的需要,对营养又有特殊要求,影响蛋壳质量的几种主要元素有钙、磷、钠、氯、镁、锰、维生素 D_3 等。碳酸钙是蛋壳的主要组成成分,必须保证饲料中有充足的且比例适当的钙、磷,一般情况下蛋鸡饲料中含钙量为3%~5%,有效磷含量为0.6%,含量不足或比例失调,就会影响蛋壳质量,使蛋的破损增多。如果日粮中有效磷含量超过生理需要量(0.45%~0.55%)时,在形成蛋壳时干扰钙从骨骼进入血液,而低于生理需要量时也将导致笼养鸡的疲劳征。而维生素 D_3 对促进钙磷的吸收有重要的作用,缺乏维生素 D_3 不利于钙磷的吸收和蛋壳的形成,使蛋壳破损增多。

③ 疾病与用药:很多疾病可引起蛋壳质量下降,出现软壳蛋、薄壳蛋甚至无壳蛋。如新城疫、传染性支气管炎、减蛋综合征、慢性消化道疾病、禽流感、生殖道感染、卵巢炎等。

要特别注意,蛋鸡在产蛋期禁止使用磺胺类和呋喃类药物,产蛋期治疗疾病时宜用其他抗生素代替磺胺类药物。产蛋鸡饮用含漂白粉过多的消毒水或其他含有氯的消毒剂,也影响蛋壳质量(用含氯消毒剂杀灭水中病毒和细菌时,应保证有效氯含量达到 $(3\sim5)\times10^{-6}$)。

④ 环境温度:产蛋鸡最佳环境温度为18~23℃,鸡舍温度超过该温度越高,蛋的破损率越大,这是因为高温热应激一方面采食量降低,摄入的钙磷减少;另一方面高温使鸡的呼吸频率提高呼出的二氧化碳增加,因而使机体内碳酸钙沉积减少,进而影响蛋壳质量。试验证明当鸡舍温度超过32℃时,破损率明显提高。

⑤ 管理、日龄因素:管理方面因素较多,包括开产日龄、体重、密度、光照时间、捡蛋时间、次数等。有证据表明,密度过大、光照时间过长会使鸡烦躁活动频繁,影响蛋壳的钙化过程使破损增加。

开产日龄过早及体重过低(早于18周龄、低于标准体重)由于鸡既要维持自身发育又要承受产蛋负担,会降低产蛋率和蛋壳质量。

⑥ 笼具的设计、安装:笼底的坡度要合理,过小,鸡蛋不容易滚出或滚动太慢,容易被鸡踩破或啄破;过大,则滚动太快容易碰破。

⑦ 鸡蛋每天的收集次数过少,容易造成在集蛋槽内相互碰撞,破损率提高。

(2)预防措施

① 选择蛋壳质量较好的鸡种饲养,加强蛋鸡的育种工作,改进蛋壳质量。

② 合理调配饲料,保证其营养水平达标,按标准供给足量且比例合理的钙磷,并且补够维生素D_3,防止营养缺乏症,产蛋鸡饲料钙磷含量为钙3%～5%,有效磷0.6%,维生素D_3 2000～2500国际单位/千克,最好傍晚喂含钙较高的日粮,使夜间形成蛋壳时得到充足的钙源。也可按1.5～2.3克/千克添加碳酸钠,效果很好。

③ 加强卫生防疫工作,预防引起鸡蛋壳质量下降的疾病,在产蛋期间尽量减少防疫应激,避免投喂磺胺类、呋喃类药物,不喂变质污染饲料。注意环境卫生,防止饲料潮湿发霉。

④ 保持鸡舍适宜的温度,高温季节要采取有效的降温措施。在早、晚比较凉爽时间喂料,供给充足的凉水,提高鸡的采食量,保证鸡采食到足够的钙磷。

⑤ 保持鸡群合理密度,每笼养鸡不多于4只。

⑥ 根据鸡的日龄和季节变换执行合理的光照,体重达不到标准体重(褐壳蛋鸡1550克、白壳蛋鸡1300克)不加光促产,开产后光照控制在14小时之内。

⑦ 除购进合格的鸡笼外,根据要求进不合格的部分进行改进。对于坡度比较大的可在集蛋槽内安装一定的缓冲材料。笼的

底网应有一定的弹性，两组笼连接处应用铁丝将盛蛋网连在一起，以免鸡蛋掉出。

⑧ 增加捡蛋次数，每天 4 次，上、下午各 2 次，减少蛋在笼上的停留时间。

⑨ 在收集运输蛋中轻拿、轻放。

8. 采取措施延长产蛋高峰期时间

蛋鸡产蛋率达 90%以上的时期称为产蛋高峰期，持续时间的长短，与全期产蛋量有密切关系。因此，应设法延长蛋鸡的产蛋高峰期，以获得最好的经济效益。

(1)控制饲养环境方面

① 合理的光照制度：光照对产蛋鸡有刺激性腺机能而促使排卵的作用，增加光照时间能促进产蛋。光照时间的延长，应根据 17 周龄时的体重和性发育成熟的程度而定。鸡群体重达到标准的应每周延长光照 15～30 分钟，直至增加到 14 小时后恒定不变；达不到标准的不要急于延长光照，可将补光时间往后推迟 1 周。光照强度掌握在节能灯每平方米 0.8 瓦。

② 适宜的温度、湿度：蛋鸡生产的适宜温度为 15～25℃。产蛋高峰期，应做好夏季降温和冬季保温工作。鸡舍的空气相对湿度应保持 60%～65%。

③ 保持鸡舍空气清新：首先要保持鸡舍的通风良好，加强通风换气，在冬季要正确处理保温与通风的关系，搞好清洁卫生，减少鸡粪在鸡舍内的停留时间。

④ 防止应激：骚扰、惊吓、断水等各种应激都会引起蛋鸡产蛋率下降，缩短产蛋高峰的持续时间。对此，可在饮水中加电解多种维生素，或加倍供应多种维生素。另外，创造安静的饲养环境。

(2)管理方面

在生产实践中,对鸡场的日常管理也是很重要的,好多鸡病都是由于饲养管理人员的松懈和粗心造成的。

① 所用的饲料原料或饲料不能有霉烂变质,喂料要均匀,不能忽多忽少,造成采食量的不均。在产蛋高峰期一定不要更换饲料。

② 水是鸡体和蛋的主要成分,产蛋率越高,饮水量越高。不能让鸡饮用水质差的水,更要保证鸡有充足的饮用水,在炎热的天气尤其要注意。

③ 在饲喂过程中要经常观察蛋鸡的精神状态和采食量,及时地淘汰病、弱、残鸡,减少饲料的浪费,保证鸡群的均匀度。

④ 严格地按照光照制度来控制,不能随意地开、关灯,尤其在开产后光照时间更不能减少,否则会导致蛋鸡生理功能的紊乱,影响正常生理功能的发挥,产蛋率就会下降。

⑤ 鸡舍的环境条件要保持良好。由于通风设施差,设计不合理,或鸡粪不及时地清理,容易出现有害气体的浓度过高,引起蛋鸡的敏感应激;或由于通风引起的温度骤降,引起感冒和呼吸道疾病。另外,由于来之外界的噪音和干扰,工作人员经常地不在意引起大的声音,都会引起蛋鸡的强烈应激,致使产蛋率下降。

(3)药物应用方面

在产蛋期用药要注意,尽量少用或不用那些影响蛋鸡产蛋的药物。

① 磺胺类:常用的磺胺类药物有磺胺嘧啶、磺胺噻唑、磺胺氯吡嗪、增效磺胺嘧啶、复方新诺明、复方嘧啶等,这类药在养鸡生产上常用于防治白痢、球虫病、盲肠肝炎和其他细菌性疾病。但这些药物都有抑制产蛋的副作用。因其能与碳酸酐酶结合,使其降低活性,从而使碳酸盐的形成和分泌减少,使鸡产软壳蛋和薄壳蛋。因此,这类药只能用于雏鸡和青年鸡,而对产蛋鸡应禁止使用。此

外，鸡宝20、泰来净等含有磺胺类成分，会抑制产蛋，故不用于产蛋鸡。

② 抗球虫类：如氯苯胍、莫能霉素、球虫净、氯羟基吡啶（克球粉）、尼卡巴嗪、硝基氯苯酰胺等，这些药物一方面有抑制产蛋的作用；另一方面能在肉、蛋中残留，危害人体健康。

有报道，莫能霉素会影响鸡的免疫力，用量不能超过饲料量的0.01%，若超过0.02%会降低鸡的采食量，影响其产蛋量和蛋重，故产蛋鸡应限制使用；给蛋鸡超剂量或长期服用氯苯胍，会使其所产的蛋有特殊臭味，故该药不宜用于产蛋鸡；克球粉，可抑制鸡对球虫的免疫力，用量超过0.04%会影响鸡的生长及产蛋；尼卡巴嗪用量在0.0125%以上能轻度抑制鸡免疫力，用量超过0.08%时会使鸡出现贫血，产蛋率、受精率下降和蛋壳色泽变浅，故产蛋鸡应禁用。

此外，产蛋鸡还应禁用氨丙啉、二甲硫胺、三字球虫粉、禽宁、盐霉素、马杜霉素、拉沙洛菌素等。

③ 肾上腺皮质激素类：常见的有地塞米松，在治疗疾病时，它具有抗炎、抗毒素、抗过敏等多种作用。能明显抑制卵巢和卵泡的发育，使蛋鸡产蛋率明显下降，停药后，产蛋率的回升也很缓慢。

④ 四环素类：经常应用的主要是金霉素，系广谱抗生素，主要呈现抑菌作用，高浓度有杀菌作用，除对革兰阳性和阴性菌有抑制作用外，对支原体、霉形体、各种立克次体、钩端螺旋体和某些原虫也有抑制作用，如对鸡白痢、鸡伤寒、鸡霍乱和滑膜炎霉形体有良效。由于它的药效好，很多养殖户常用这种药，但它的副作用也较大，不仅对消化道有刺激作用，损坏肝脏，而且能与鸡消化道中的钙离子、镁离子等金属离子结合形成络合物而妨碍钙的吸收，同时金霉素还能与血浆中的钙离子结合。形成难溶的钙盐排出体外，从而使鸡体缺钙，阻碍了蛋壳的形成，导致鸡产软壳蛋，蛋的品质差，也使鸡的产蛋率下降。

⑤ 氨茶碱:由于氨茶碱具有松弛平滑肌的作用,可解除支气管平滑肌痉挛。所以,具有平喘作用。在养鸡业上常用于治疗和缓解鸡呼吸道传染病所引起的呼吸困难。但鸡产蛋期服用,可导致产蛋量下降,虽然停药后可以恢复产蛋,但一般最好不用。

⑥ 呋喃类药物:系人工合成的广谱抗菌药物,常用的有呋喃唑酮,对沙门菌所致的下痢性疾病有特效,故又叫痢特灵。临床上主要用于肠道感染,如鸡白痢、球虫病、鸡伤寒以及传染性鼻炎等有一定特效。由于其也具有抑制产蛋的作用,所以产蛋期也不宜使用。

⑦ 复方炔诺酮:由于该药有抑制卵巢发育和排卵的副作用加之蛋产品中残留量高,对人体健康极为不利,所以从食品卫生方面来看,严禁使用。

⑧ 病毒灵:又名吗啉双胍、利林,为广谱性抗病毒药,可用于预防和治疗流行性感冒、疱疹等,产蛋鸡长期应用会引起鸡体内出血使用时应限用。

⑨ 氨基糖苷类抗生素:主要有链霉氮基糖苷类抗生素,主要有链霉用远比革兰阳性菌强,应用比较普遍。但是产蛋鸡在使用这些药物后,从产蛋率上看有明显下降,尤其是链霉素在停药后,产蛋率回升较慢,对产蛋性能有影响。

⑩ 拟胆碱类和巴比妥类药物:拟胆碱类药物如新斯的明,氯甲酰胆碱和巴比妥类药物都会影响鸡子宫机能而引起产蛋周期异常,蛋壳变薄,产软壳蛋等。

⑪乳糖:饲料中含乳糖 10%即能引起肾功能衰竭,含乳糖 15%时产蛋明显受到抑制,超过 20%时可使鸡产蛋停滞。这类糖在配合饲料日粮中必须限用。

综上所述,蛋鸡在产蛋期严禁使用的药物有磺胺类药物、呋喃类药物、金霉素、复方炔诺酮、大多数抗球虫类药物、地塞米松等;限用的药物有四环素类、少数抗球虫类药物、病毒灵、乳糖等;一些药物则应慎重，如肾上腺素、丙酸睾丸素、氮基糖苷类抗生素、土霉素、拟胆碱类和巴比妥类药物。

(4)正确进行疫病防治

坚持“预防为主、防重于治”的原则，制定严格的卫生防疫制度是保持蛋鸡产蛋高峰的又一重要措施。

① 细菌性疾病：霉形体、传染性鼻炎、沙门菌等，均会引起产蛋率下降。此类病的一个共同特点是病程长、发展慢，由于疾病的发展逐步影响采食量，在鸡群中表现为产蛋率的持续缓慢下降。要预防这些疾病最关键的是平时做好鸡场卫生，注意气候变化。

② 病毒性疾病：这类疾病的特点是鸡群产蛋率下降突然，且下降幅度在20%以上。经常见到的病毒性疾病有以下几种：

◎ 禽流感：禽流感又称欧洲鸡瘟或真性鸡瘟(应注意与新城疫病毒引起的亚洲鸡瘟相区别)，是由A型流感病毒引起的一种急性、高度接触性和致病性传染病。

该病多发生在250～400日龄的鸡群，发病率和死亡率与感染毒株的毒力有关，同时还与鸡的环境因素、饲养状况及疾病并发情况有关。流感病毒可经实验分型为非致病性、低致病性和高致病性毒株，受感染鸡的临床表现很不一致。具有H5或H7亚型的禽流感病毒感染，往往伴有较高的死亡率。雏鸡和育成鸡感染多表现为慢性呼吸道病、腹泻、消瘦、伴有少量死亡。高产蛋鸡最容易感，表现精神沉郁，吃食减少，蛋壳质量下降，软蛋、薄皮蛋增多，产蛋量明显下降。呼吸道症状可见有咳嗽、打喷嚏、尖叫、啰音，甚至呼吸困难。病鸡伏卧不起，羽毛松乱，头和颜面部水肿，冠和肉垂发绀，有的严重腹泻，排绿色水样粪便，消瘦，并有比较高的死亡率。

控制治疗：鸡发生高致病性禽流感应坚决执行封锁、隔离、消毒、扑杀等措施。如发生中低致病力禽流感时每天可用过氧乙酸、次氯酸钠等消毒剂1～2次带鸡消毒并使用药物进行治疗，如每

100千克饲料拌病毒唑10～20克，或每100千克兑水8～10克连续用药4～5天；或用金刚烷胺按每千克体重10～25毫克饮水4～5天(产蛋鸡不宜用)或清温败毒散0.5%～0.8%拌料，连用5～7天。为控制继发感染，用50～100毫克/千克的恩诺沙星饮水4～5天；或强效阿莫西林8～10克/100千克水连用4～5天，或强力霉素8～10克/100千克水连用5～6天。另外，每100千克水中加入维生素C 50克、维生素E 15克、糖5000克(特别对采食量过少的鸡群)连饮5～7天有利于疾病痊愈。产蛋鸡痊愈后使用增蛋高乐高、增蛋001等药物4～5周，促进输卵管的愈合，增强产蛋功能，促使产蛋上升。

预防：尽可能减少鸡的应激反应，在饮水或饲料中增加维生素C和维生素E，提高鸡抗应激能力；饲料应新鲜、全价；提供适宜的温度、湿度、密度、光照；加强鸡舍通风换气，保持舍内空气新鲜；勤清粪便和打扫鸡舍及环境，保持生产环境清洁；做好大肠杆菌、新城疫、霉形体等病的预防工作。某一地区流行的禽流感只有一个血清型，接种单价疫苗是可行的，这样可有利于准确地监控疫情。当发生区域不明确血清型时，可采用多价疫苗免疫。疫苗免疫后的保护期一般可达6个月，但为了保持可靠的免疫效果，通常每3个月应加强免疫1次。免疫程序为首免5～15日龄，每只0.3毫升，颈部皮下注射；二免50～60日龄，每只0.5毫升；三免开产前进行，每只0.5毫升。

◎ 新城疫：新城疫是由副黏病毒引起的鸡类的一种烈性传染病，非免疫鸡群感染时多呈急性经过，死亡率可达90%以上。免疫鸡群感染多呈非典型经过，称非典型新城疫。

该病多发生于180～350日龄产蛋高峰鸡群。临床主要表现为发病迅速、精神沉郁、鸡冠发紫、呼吸困难、伴有啰音，粪便呈黏性黄白色或黄绿色、蛋壳颜色变浅、破蛋畸形蛋增多，采食量下降，一般死亡率在2%～3%。解剖可见气管有黏液、出血，肝脏、脾脏、腺胃、胰脏、小肠、泄殖腔等出血。

控制治疗：鸡群一旦发生本病，首先将可疑病鸡捡出焚烧或深埋，被污染的羽毛、垫草、粪便、病变内脏亦应深埋或烧毁。封锁鸡场，禁止转场或出售，立即彻底消毒环境，并给鸡群进行紧急接种。

多年的临床实践证明，鸡新城疫发生后可用疫苗和高免卵黄液进行紧急免疫接种，且必须在疾病的流行早期进行。发病鸡群可用新城疫弱毒活疫苗紧急接种，一般采用 3～5 倍量Ⅳ系进行点眼；有些地区，用新城疫Ⅱ系苗对患病鸡群进行肌内注射，每只鸡 6～8 头份，也有较好的效果。但由于疫苗本身为活的病毒，所以在用疫苗紧急免疫后 24～36 小时严禁使用抗病毒药物。对发病鸡群注射抗新城疫高免卵黄液也是一种紧急控制的方法，如果使用质量好的高免卵黄液，几天后即停止死亡。但若使用质量差的产品，不但降低不了死亡率，而且个别鸡场注射后的死亡率甚至可达 100%。所以，养殖户应该慎重选择高免卵黄液。

预防：鸡新城疫发生后没有特效药物可以治疗，只能进行免疫预防。免疫时在 7～10 日龄进行首免，用克隆-30（或Ⅳ系）滴鼻、点眼，间隔 15 天（蛋鸡在 22～25 日龄时）进行二免，用Ⅳ系（或克隆-30）每 1 只鸡注射 1 头份；鸡开产前（120 日龄左右）进行三免，每只鸡注射 1 头份新城疫油乳剂灭活苗，有条件的还应进行一次弱毒苗（Ⅳ系苗或克隆-30）的气雾免疫。为了确切地了解鸡群的免疫状态，有条件的鸡场在新城疫油乳剂灭活苗免疫后 15～20 天，测定鸡群的抗体水平，如果抗体水平偏低或参差不齐，应立即进行免疫，使鸡群始终保持高度、持久、一致的免疫力。

◎ 传染性支气管炎：鸡传染性支气管炎发生一般无前驱症状，鸡突然出现呼吸道症状，并迅速传播全群。发病的蛋鸡表现轻微的呼吸困难、咳嗽、气管啰音，有“呼噜”声。精神不振、减食、拉黄色稀粪，症状不很严重，有极少数死亡。发病第 2 天产蛋开始下降，1～2 周下降到最低点，有时产蛋率可降到一半，并产软蛋和畸形蛋，蛋清变稀，蛋清与蛋黄分离，种蛋的孵化率也降低。产蛋量回升情况与鸡的日龄有关，产蛋高峰的成年母鸡，如果饲养管理较好，经 2 个月基本可恢复到原来水平，可考虑及早淘汰。

控制治疗：对传染性支气管炎目前尚无有效的治疗方法，常用中西医结合的对症疗法。咳喘康加冷水煎汁半小时后，加入冷开水 20～25 千克做饮水，连服 5～7 天。同时每克强力霉素原粉加水 10～20 千克任其自饮，连服 3～5 天；每千克饲料拌入病毒灵 1.5 克、板蓝根冲剂 30 克，任雏鸡自由采食，少数病重鸡单独饲养，并辅以少量雪梨糖浆，连服 3～5 天，可收到良好效果；咳喘敏、阿奇喘定等都有疗效。

预防：加强饲养管理，降低饲养密度，避免鸡群拥挤，注意温度、湿度变化，避免过冷、过热。加强通风，防止有害气体刺激呼吸道。合理配比饲料，防止维生素的缺乏，尤其是维生素 A 的缺乏，以增强机体的抵抗力。

预防本病的常用弱毒疫苗有两种：一种是传染性支气管炎 H120 弱毒疫苗，主要用于 1～2 月龄雏鸡，常在 1～5 日龄与新城疫Ⅱ系同时接种；另一种是传染性支气管炎 H50 弱毒疫苗，用于 1 月龄以上的鸡群。后备种鸡最好在活苗免疫的基础上，10～14 日龄用油佐剂灭活苗加强免疫。

◎ 传染性喉气管炎：是由传染性喉气管炎病毒引起的一种急性、接触性上部呼吸道传染病。其特征是呼吸困难、咳嗽和咳出含有血样的渗出物。剖检时可见喉部、气管黏膜肿胀、出血和糜烂。本病传播快，死亡率较高。

控制治疗：目前尚无特异的治疗方法。发病群投服抗菌药物，对防止继发感染有一定作用。

对病鸡采取对症治疗，如投服牛黄解毒丸或喉症丸，或其他清热解毒利咽喉的中药液或中成药，可减少死亡；发病鸡群，确诊后立即采用弱毒疫苗紧急接种，可有效地控制疫情，结合鸡群具体情况采用;对于呼吸极度困难者,每10只鸡用卡那霉素1支加地塞米松1支,用10毫升生理盐水稀释后给患鸡喷喉;对全群鸡进行药物治疗:喉支消饮水投服,250只鸡/袋,每天1次,连用4天。卡那霉素饮水投服,上、下午各饮1次,连用4天;肾肿解毒药饮水投服,连用5～7天;饲料中多种维生素的用量加倍,并消除应激反应。用药第2天鸡只呼吸道症状可减轻,第4天后采食量开始恢复,产蛋率开始有所回升。

预防:将本病的疫苗接种纳入免疫程序。用鸡传染性喉气管炎弱毒苗给鸡群免疫,首免在50日龄左右,二免在首免后6周进行,免疫可用滴鼻、点眼或饮水方法。目前的弱毒苗因毒力较强接种后鸡群有一定的反应,轻者出现结膜炎和鼻炎,严重者可引起呼吸困难,甚至部分鸡死亡,与自然病例相似,故应用时严格按说明书规定执行。国内生产的传染性喉气管炎、鸡痘二联苗,也有较好的防治效果。

◎ 禽脑脊髓炎:禽脑脊髓炎又称流行性震颠,是由小RNA病毒引起的主要侵害雏鸡的一种传染病。主要侵害1～3周龄雏鸡,并引起发病,以头颈震颤、站立不稳、两肢轻瘫及不完全麻痹为主要症状。母鸡亦可感染发病,但无明显的神经症状,而以产蛋率下降为主。

蛋鸡的脑脊髓炎的发病近几年有增多的趋势,其发病症状轻微往往被人们诊断为其他疾病,给养鸡户造成很大的经济损失。以前,人们往往只重视种鸡的脑脊髓炎的预防,以杜绝经蛋垂直传播给鸡苗,并起到了很好的效果,而蛋鸡的脑脊髓炎因其发病轻微,几乎不引起蛋鸡的临床症状而只表现减蛋现象,所以不被人们所重视。

发病鸡群大部分在产蛋高峰期,发病前鸡群体质良好,无任何不正常前兆,产蛋率多在90%左右;鸡群突然出现产蛋下降,鸡群呼吸道、采食、饮水、粪便、死淘率均正常,产蛋率每天下降3%～

6%，下降过程中蛋重稍微变小，药物治疗无效，鸡群产蛋下降约1周后（降幅20%～40%左右不等）开始回升，回升过程中蛋重逐渐恢复，到第7～8天产蛋率回升至原来水平甚至更高，从鸡群产蛋下降到回升至超过原先水平总共病程15天左右，在产蛋下降和回升过程中蛋壳颜色、硬度、厚度等均无异常。本病的确诊需要进行实验室检查。

控制治疗：欣独正或枝感欣拌料，连用3～5天；紫黄抗独宁或热独舒饮水，连用3～5天。第二个疗程用金蛋源拌料，连用10～15天；维他命金全天饮水，连用5～7天。

预防：目前，市售的疫苗有禽脑髓炎弱毒疫苗，其使用方法是饮水免疫，1～2羽份/只，免疫期为6个月。禽脑脊髓炎弱毒疫苗对雏鸡仍有一定致病性，使用时只能用于10周龄以上到产蛋前1个月的后备母鸡，不能用于雏鸡与产蛋期的鸡群。亦可用灭活疫苗，开产前1个月注射。

③ 寄生虫病：引起产蛋率下降最常见的是球虫病，球虫病分布极广，发生普遍，表现精神不振，羽毛松乱，食欲减退，饮水增加，消瘦，贫血，粪呈棕红色或带血，严重时发生痉挛，昏迷死亡，可使蛋鸡产蛋率严重下降。

控制治疗：氯苯胍按每吨饲料混入33克，休药期为5天；球痢灵按每吨饲料混入125克，休药期为5天；常山酮按每吨饲料混入3克，休药期为5天；莫能菌素按每吨饲料混入100～120克，休药期5天；杀球灵按每吨饲料混入1克，无休药期。

预防：定期对鸡场进行消毒，勿将病原引入；及时治疗病禽，并注意加强粪便管理，及时清理打扫，进行生物发酵；防止饲料、饮水、用具等被鸡粪污染，环境、用具要经常消毒，用开水烫、热碱水洗等；加强鸡舍和运动场的清洁卫生，消灭蚊蝇、鼠类等传播者；加强饲料管理，提高机体抵抗力，给予富含维生素的全价饲料。若发生球虫病时，日粮中要限制麸皮和碳酸钙的含量，因其有促进球虫发育的物质。

④ 代谢疾病

◎ 蛋鸡疲劳症：是笼养蛋鸡特有营养代谢性疾病，高产母鸡更容易发生。临床症状产蛋疲劳症主要有最急性型、急性型、慢性型3种表现形式。

最急性发病鸡往往突然死亡，初开产的鸡群产蛋率在40%～60%时，死亡最多，死亡前看不出发病症状。以表面观看鸡群健康状况良好，产蛋较好并且白天挑不出病鸡。但第二天早晨可见到蛋鸡死于笼内，越高产的蛋鸡死亡率越高，但常出现病死鸡泄殖腔突出这一典型症状。

急性发病鸡则表现长期产蛋后站立困难，常常侧卧，严重时导致瘫痪或骨折。产蛋量、蛋壳质量和蛋的品质通常并不降低，病鸡精神良好，但后期病鸡表现沉郁，常常死于脱水，残废率较低。如从笼内取出瘫鸡单独饲养，多数在2～3天后有明显好转，个别病重鸡可在2周内康复。

慢性病鸡主要表现在产蛋日龄较大的鸡，因为日龄增大，对钙摄取和分泌功能下降，造成蛋壳变薄、粗糙、强度差、破损增加、产蛋率明显下降，同时出现慢性死亡现象。

控制治疗：对发病严重的最急性鸡群，晚间11～12点开灯使鸡饮水1小时，以减少血液黏度，减轻心脏负担。

对初发现疲劳症鸡，从笼中放出，经日晒活动并药物治疗大多都能自动康复。禽速健（北京伟嘉集团公司生产）按1000只鸡/瓶集中饮水，开盖后尽量在2小时饮完，连用2天，主要用于清除体内尤其是输卵管中的病毒；瘟毒禽必康拌料（北京伟嘉集团公司生产）500千克料/袋、维生素E粉500千克料/袋、卵管康散500千克料/袋，连用5～7天（用活力元与卵管嘉，也可收到较好效果），基本恢复到原来水平。

预防：该病病因复杂，对该病的防治要采用综合疗法。青年母鸡在将近性成熟时，应提高饲养的营养水平，同时应考虑对钙磷的补充，保证日粮中骨粉的数量和质量，为产蛋储备足够的钙磷。同时提高维生素的含量；在外界气温超过30℃时应及时做好防暑降温工作，及时调整鸡群的饲养密度并供给充足的饮水，以减轻热应激的程度；适时更换蛋鸡饲料，严格控制光照时间，以减缓产蛋率上升的速度。

国内已研制出EDS-76油乳剂灭活苗、鸡减蛋症蜂胶苗等，于鸡群开产前2～4周注射0.5毫升，由于本病毒的免疫原性较好，对预防本病的发生具有良好的效果，可保护一个产蛋周期。

◎ 骨软症：是笼养鸡最易发生的一种代谢病症，多发于产蛋高峰期，主要与日粮中钙、磷和维生素D含量不足及环境条件有关。患鸡表现为脱水，体重下降，伴随软骨组织增生而引起骨骼变形、变脆，长骨变薄，往往轻压即可骨折，肋骨、肋软骨结合处呈珠状，并沿此线骨架凹陷。病鸡站立困难，喜卧，两肢关节有不太明显的肿胀和跛行，严重者胸肌发生萎缩。

控制治疗：对病情严重的鸡可从笼中取出，地面散养，增加饲料中钙的含量，要适量增加多种维生素，尤其维生素D_3，以促进肠道对钙的吸收，加速病鸡康复，待健康状况基本恢复后再放回笼中饲养。

预防：增加日粮中钙、磷和维生素D的含量，改善环境条件是防治该病的主要措施。在鸡的产蛋高峰期，日粮中钙的含量不应低于3.5%～3.7%，磷的含量不应低于0.8%～0.9%。鸡舍温度保持15～25℃，每只鸡应占的笼养面积不能低于标准。

◎ 中暑：鸡中暑又称热衰竭，是日射病（源于太阳光的直接照射）和热射病（源于环境温度过高、湿度过大，体热散发不出去）的总称，是酷暑季节鸡的常见病。本病以鸡急性死亡为特征。因此，夏季加强对鸡中暑的预防，发生中暑及时治疗是十分必要的。处于中暑状态的鸡主要表现为张口呼吸，呼吸困难，部分鸡喉内发出明显的呼噜声；采食量严重下降，部分鸡绝食；饮水量大幅度增加；精神委靡，活动减少，部分鸡卧于笼底；鸡冠发绀；体温高达 45℃以上。剖检时往往无特征性病变，但大多数鸡的胸腔呈弥散性出血，肠道往往发生高度水肿，肺及卵巢充血，有些蛋鸡体内尚有成型的待产鸡蛋。

控制治疗：发现鸡只中暑，应立即将鸡转移到阴凉通风处，在鸡冠、翅翼部扎针放血，同时肌注维生素 C 0.1 克，灌服十滴水、藿香正气水 1～2 滴、仁丹 3～4 粒。一般情况下，多数中暑鸡经过治疗可以很快康复。

预防：预防鸡中暑的关键措施是降温。同时要加强鸡的饲养管理。在生产中，要想克服高温对鸡产生的不利影响，养殖户可根据自己的具体情况采取人工喷雾、地面泼洒凉水、加强通风散热、给予充足饮水、使用饲料添加剂等措施进行预防。

9. 做好产蛋鸡的四季管理工作

(1)春季

春季气温逐渐转暖，但日照时数仍然比较短，通风与保温的矛盾依然存在，如果饲养管理跟不上，极容易导致产蛋量的下降。

① 注意防寒保暖：春季天气逐渐转暖，但有时倒春寒往往使养鸡户蒙受损失，因此，要注意天气变化，防止鸡群感冒。随着气温的上升，防寒设施可根据气温情况，逐步撤去。

② 调整饲料配方：春季要适当增加含热量比较高的饲料，增加精料比例和蛋白质含量，并选用多种饲料搭配，保证饲料营养全面，要让所有的鸡都能均匀地吃到饲料。同时，应增加饲料中钙的含量(3%～4%)，供应足够的 B 族维生素、青绿饲料和发芽谷物等。此外，还应避免惊扰鸡群，尽量减少应激因素。

③ 保证光照时间：蛋鸡正常产蛋每天需要 14 小时的光照，春

季的自然光照时间仍不能满足需要，应进行人工补照。

④ 注意通风换气：春末夏初，鸡舍内氨气、硫化氢、一氧化碳、二氧化碳等有害气体相对较多，应在晴朗天气进行通风换气。为减少鸡舍内有害气体的产生，应每天及时清除粪便，保持鸡舍干燥清洁。如湿度比较大，可每平方米地面撒 500 克左右过磷酸钙，能有效消除鸡舍内的氨气。

⑤ 好消毒防疫：气温上升，各种病菌容易繁殖，侵害鸡体，因此，必须注意鸡的防疫和保健工作。墙壁可用 20％生石灰乳剂粉刷，地面可用 2％氢氧化钠或 0.2％～0.5％过氧乙酸溶液喷洒消毒，料槽、水槽可用 0.1％的新洁尔灭溶液消毒，消毒一般应选在气温比较高的中、下午进行。粪便应及时清扫外运，并进行密封发酵。

(2)夏季

夏季天气炎热，正值鸡群产蛋高峰，因舍内空气潮湿、污浊，各种病原微生物易生长繁殖，诱发呼吸道及肠道传染病，从而使鸡发病率增高，采食量降低，饮水量增加，粪便变稀，且蛋重变小，蛋壳变薄，破蛋增加，产蛋量下降，给蛋鸡生产带来损失。要使蛋鸡保持高产，须注意以下几点：

① 防暑降温

◎ 通风是鸡舍散热降温的主要措施之一。自然通风应尽量采取纵向通风法，使鸡群能感受到轻微的凉风，产量凉爽、舒适的感觉。根据舍内温度及时开排气扇、吊扇，增加空气流动速度，保证室内空气新鲜。

◎ 在窗户处安装遮阳伞，避免阳光直射屋内，防止啄肛的发生。

◎ 鸡舍周围尽量种树，一般种速生阔叶树，如梧桐、毛白杨等树种，夏季树叶大可遮阴，冬季落叶后枝条少而遮光少。新盖的鸡舍周围刚种不久的树不能遮阴，可加种藤类作物。鸡舍周围的地面不要让其裸露，应种草、花等，以消除烈日照射，调节局部的小气候。

◎ 坚持每天清除舍内鸡粪，清粪后尽量加以冲刷，以减少鸡粪在舍内的发酵发热。

◎ 鸡舍顶喷水，利用水分的蒸发散热面使鸡舍内的温度降低。此外，在鸡舍内喷雾，进风口处设置水帘，进行空气冷却，对降低舍内温度也很有效。

② 保证饮水：鸡没有汗腺，通过呼吸来散发体热。高温环境下，鸡的呼吸加快，鸡体的水分蒸发量加大，饮水量也随之增加。因此，高温季节必须供给鸡只充足的、清凉洁净的饮水，白天应保证水槽中清凉洁净的饮水长流不断；使用乳头式饮水器时，应每隔1小时左右，在水管末端放水1次，以保持水管内的饮用水有较低的温度。在给鸡只增加饮水的同时，当舍内温度高于32～35℃时，在其饮水中加入适量的维生素C、电解质、冰块等，以达到降温、防止中暑的目的。

③ 调整日粮的营养结构：蛋鸡因高温，造成采食量减少，所以要合理调整日粮，更好地满足鸡在产蛋各期的营养需要，早、晚应增加豆饼、鱼粉、蛆虫、蚯蚓以及鱼虾、蚕蛹、饲用酵母和肉粉等含蛋白质和矿物质丰富的饲料，中午多喂青绿多汁饲料，并做到饲料品种多样化。另外，还要增加饲料中矿物质成分，尤其是钙。饲料要少喂勤添；饲槽要保持清洁，以免影响鸡的食欲下降或引起肠胃病。

④ 添加缓解热应激药物

◎ 添加维生素C、维生素E：充足的维生素C可保证肌肉的能量供应，并有助于维持鸡只较高的采食量，提高鸡体抗热能力。维生素E可维持鸡体血清中皮质醇、甲状腺素和肌酸磷酸激酶含量的相对稳定，以及刺激免疫器官，增强鸡体免疫力，提高抗热能力。维生素C饲料中添加量以0.025%～0.04%为宜；维生素E

添加量以每千克饲料 100～250 国际单位为宜。

◎ 添加杆菌肽锌和维吉尼亚霉素：杆菌肽锌能阻断鸡体产热，降低产热量。高温季节，可添加 1%杆菌肽锌以提高蛋鸡的生产性能。饲料中添加 0.15%维吉尼亚霉素可适当降低代谢热的产生，减轻热应激。

◎ 添加酸化剂：高温条件下，鸡通过增加呼吸频率散发体热，容易导致机体呼吸性碱中毒，饲料中适当添加酸化剂，可及时调节体内酸碱平衡，避免或缓解高温环境的不利影响。日粮中柠檬酸添加量以 0.25%左右为宜，氯化铵添加量以 0.3%～1%为宜（饮水时以 0.3%为宜）。

◎ 添加碳酸氢钠：饲料中添加碳酸氢钠能有效地提高鸡对饲料的消化力，加速营养物质的利用和有害物质的排除，并通过调节热应激状态下鸡体内的碱储量，增加鸡只呼出二氧化碳的量而加快散热，提高抗应激能力。添加量以 0.5%左右为宜。

◎ 添加氯化钾：添加量以 0.15%～0.3%为宜，饮水时以 0.3%～0.5%为宜。

◎ 生石膏：将生石膏研成细末，按饲料总量的 0.3%～1%混饲，有解热消炎、清胃火之功效，可有效预防热应激的产生。

◎ 添加口服补液盐：口服补液盐含有生命活动必需的钠、钾等成分，可调节酸碱平衡，维持血钾浓度（防止低血钾），防止脱水；同时，可使鸡的排泄量加大而带走大量热量，在一定程度上缓解高温环境的不利影响。

◎ 添加大蒜：天然大蒜（带皮）捣碎直接按 1%～2%的比例添加在产蛋鸡的饲料中。大蒜素（精油）对许多有害菌、病毒、寄生虫有抑制或杀灭作用，特别是对菌痢和肠炎有较好的疗效，并有促进采食、助消化、促进产蛋、改善产品风味和防止饲料发霉的作用。另外，大蒜素可与维生素 B_1 结合，增加有效维生素 B_1 的吸收，还对动物免疫系统有激活作用。

⑤ 改进饲喂方式:以早、晚为主,增加喂料次数和喂料量。在高热时间内不饲喂,减少鸡群活动量,使鸡只处于安静状态为好。避免噪音干扰,喂料、喂水、打扫卫生、拣鸡蛋等动作要轻,防止炸群。

⑥ 合理剪羽毛:鸡皮肤没有汗腺,夏天天气炎热不利于散热。给鸡剪毛后可增加机体的散热能力,防止鸡中暑,除此之外,给鸡剪毛还有利于产蛋,使蛋鸡不歇窝。剪毛需在夜间进行,先用手电筒把鸡眼照花,然后立即捉鸡,动作要敏捷,以防鸡叫和拍打翅膀。操作时把翅膀、胸腹、背部和脖子上的毛剪掉,仅留下尾巴和翅膀尖的长毛,以利扇风和驱赶蚊蝇。剪毛长度以皮肤表面 1 厘米长为宜。初夏少剪、盛夏多剪。剪好后放进笼内时要待鸡站稳后再慢慢放手。

⑦ 在夏季尤其要做好清洁工作,坚持每天清洗饮水设备;定期消毒;要及时清理鸡粪,灭蚊、蝇。

⑧ 饲养员应不间断地来回巡查,发现中暑症状鸡只及时处理。

⑨ 控制不必要的人员和车辆出入,防止病原菌的传入。

⑩ 及时清粪。有刮粪机的每天要清粪 1～2 次。

⑪巧除有害气体:炎夏,鸡粪等极容易发酵,产生许多有害气体,引发蛋鸡呼吸道疾病,影响产蛋。采用下列方法可有效清除有害气体:

◎ 利用木炭、活性炭、煤渣、生石灰等具有吸附作用的物质吸附空气中的臭气:方法是利用网袋装入木炭悬挂在鸡舍内或在地面适当撒上一些活性炭、煤渣、生石灰等,均可不同程度地消除空气中的臭味。

◎ 有益微生物制剂(EM 菌):很多有益微生物可以提高饲料蛋白质利用率,减少粪便中氨的排量,可以抑制细菌产生有害气体,降低空气中有害气体含量。目前,常用的有益微生物制剂

(EM菌)类型很多,具体使用可根据产品说明拌料饲喂或拌水饮喂,亦可喷洒鸡舍。

◎ 每周用硫酸亚铁粉7份、干煤灰3份混匀,按鸡粪重量的10%撒入鸡舍,能清除舍内氨气和硫化氢。

◎ 每10米方米垫料混入硫磺粉5千克,使pH值小于7,减少氨气的产生。

◎ 每50只鸡所占面积使用过磷酸钙350克,有效时间为5~7天。

◎ 用艾叶、苍术、大青叶、大蒜和秸秆各适量,放在鸡舍内燃烧,既可抑制和杀灭细菌,又能除臭,每10天1次。

(3)秋季

入秋后,天气转凉,正月进的鸡进入产蛋后期,五月进的鸡陆续产蛋,采用合理的饲养管理方法,让鸡多产蛋,提高经济效益。

① 调整鸡群:淘汰产蛋少的鸡、停产鸡、弱鸡、僵鸡、有严重恶癖的鸡、产蛋高峰期短的鸡、过肥或过瘦的鸡和无治疗价值的病鸡。

② 增加饲料营养:鸡经过长期的产蛋和炎热的夏天,鸡体已经很疲劳,入秋后应多喂些动物性蛋白质饲料。由于这时鸡的神经非常敏感,在增加较高营养的饲料时,必须慢添慢撒,以免鸡的神经受到刺激而停产。

③ 增加光照时间:入秋后自然光照时间逐渐下降,蛋鸡产蛋期间应补充光照至14小时。

④ 防止感冒和鸡痘:入秋后天气转凉,特别是早、晚气温变化较大,鸡容易感冒。鸡痘多感染于当年的幼鸡,避免此病应搞好预防,重点是防蚊、防潮湿等。

⑤ 防寒保温,稳定环境:临近冬季,气温下降,所以应该提前做好冬季防寒保温的准备工作,如提前检修鸡舍门窗,悬挂门帘,

堵塞墙壁漏缝，防止贼风直吹鸡体，但要留好排气孔。以保证冬季鸡舍的温度以 8～13℃为宜。

(4)冬季

冬季气温低，日照减短，气温低，防寒保暖要跟上。

① 防寒保温：蛋产蛋鸡要求温度范围是 13～25℃，温度过高或过低都不利于产蛋，每升高或降低 1℃都会使产蛋下降 1%。冬季外界气温低，应提高鸡舍温度，可采取保温措施，如生火炉、把鸡舍北面的窗户堵严等，一般最低应保持在 13℃以上。

② 保持适当湿度：产蛋鸡要求湿度范围是 50%～70%，最适湿度是 60%～65%。湿度过低容易使鸡体脱水和引发呼吸道病；湿度过高，常常使鸡舍空气污浊，而容易引发各种疾病。冬天舍内相对湿度大，因此必须在保持温度的基础上调节湿度。平时通过控制温度来调节湿度，以利于提高产蛋。

③ 提高饲料能量：冬天应适当提高饲料中的能量，多添加些能量高的饲料，如油脂、玉米等。有的养鸡场(户)自己配料，一直使用一个配方。同时，因为原料来源不同成分含量也不尽相同，蛋白质、能量、矿物质等或高或低，出现了采食正常或超常，且产蛋率不同程度的下降、产软蛋、薄皮蛋等，有的鸡群根本没有高峰，继而出现了冠萎缩、耻骨收缩等情况，建议最好采用合理的全价料，再适当加一些能量饲料。

④ 合理饮水：母鸡的饮水量跟气温高低、饲料的类别有关，一般来说，喂干粉料时，鸡的饮水量约为采食量的 2 倍。在冬季给清洁温水，既可防止鸡只胃肠受寒生病，又利于保持体热。

⑤ 勿忘通风换气：冬天鸡舍密闭较严，有大量有害气体产生，可诱发鸡的慢性呼吸道病、传染性支气管炎、传染性喉气管炎、传染鼻炎、大肠杆菌病等，每天应适当打开天窗换气或设置排气扇，防贼风侵袭。做好环境消毒，消毒药交替使用，防止各种病毒、细

菌的传播。

⑥ 光照要恒定：产蛋期光照每天保持 14 小时，到鸡淘汰前 4 周可把光照增加到 16 小时。

⑦ 做好防疫工作：冬季蛋鸡容易发生呼吸道和新城疫等疾病，因此卫生防疫工作非常重要。要严格制定场区及鸡舍的准入制度，禁止闲杂人员进入，以免带入疾病；另外，要定期对大环境及鸡舍内环境、水槽、用具的消毒。随时观察鸡群，出现疫病要及时隔离。

第九招　产蛋后期把握好蛋鸡的淘汰时间

1. 了解产蛋后期的生理特点

蛋鸡进入 70 周龄后，鸡群产蛋性能逐渐下降，蛋壳逐渐变薄，破损率逐渐增加；鸡群产蛋所需要的营养逐渐减少，多余营养变成脂肪使鸡变肥；由于产蛋后期抗体水平逐渐下降，对疾病抵抗力也逐渐减弱。因此，要根据计算好的进雏与淘汰时间，适时淘汰。

2. 把握好蛋鸡的淘汰技巧

要想让蛋鸡既省料，还能让投入产出比达到最高效益的话，不光进鸡苗的时机要把握好，日常管理工作做好，一批鸡淘汰的时间也同样要把握好。

一般养殖户养蛋鸡都是等鸡完全不下蛋了才淘汰，这样不合算。因为，蛋鸡到了产蛋的后期，虽然还能产蛋，但这时产蛋的高峰期已过，不仅产蛋数量少了，而且蛋的质量下降了，蛋壳变薄了，容易碎，很难卖上好价格。而且到了后期鸡越长越大，食量也长了，饲料比平时还吃得多了。收入少，投入多，所以到后期的效益就低。

从蛋鸡进入产蛋舍(16 周末)到不产蛋(74 周)，这个阶段一般是 406 天左右，如果把鸡提前 50 天淘汰，蛋鸡在产鸡舍的时间正好是一年，这样前一批鸡淘汰了，正好进来第 2 批，这就充分利用了鸡舍，还能让蛋鸡产蛋的高峰期，每年都能赶上节假日。如果不提前淘汰的话，把时间往后顺延，错一个 50 天，再错一个 50 天，以后的产蛋高峰期就赶不上中秋、春节这两个节假日了，所以，一批鸡从 16 周末转入产蛋舍到淘汰要控制在 360 天左右，才能不影响下一批鸡的转入。

3. 把握好淘汰鸡的销售技巧

淘汰的蛋鸡又名柴鸡，虽然价格不及土鸡，但却比肉鸡价格高许多，因此，淘汰的蛋鸡无论是活体销售，还是宰杀后销售，都是蛋鸡养殖增效的又一条途径。

(1)活体销售

淘汰的活体蛋鸡可销售给鸡贩、农贸市场、饭店、熟食加工者。

(2)销售白条鸡

为了提高销售价值，也可以通过屠宰加工使产品增值。屠宰加工若有其他禽类的机械化屠宰设备，可以利用，若饲养规模较小，可采用手工屠宰方式。

① 停喂和绝食：需要屠宰的鸡群首先要绝食，绝食时间一般要 12 小时以上，对屠体品质和等级都有一定好处，但饮水不得中断。

② 抓鸡：抓鸡要注意部位，不要抓翅膀。避免发生骨折或出"血印"。

③ 保定：左手捏住鸡的两翅膀，小指钩住鸡的左腿，拇指和示指捏住鸡冠。右手持刀，立于放血盆旁。

④ 宰杀：颈部刀口处拔掉部分毛放血。为使外形美观，最好选用口腔宰杀法。用小型尖刀，刺入口腔第 2 颈椎处，用尖刀割断颈静脉和桥静脉，再将刀抽出一半，通过上颌裂缝，向眼内侧斜刺延脑，以破坏肌肉神经中枢，使其早死和放血干净，并有利于拔毛。

⑤ 烫毛：待血放尽后进行烫毛。烫毛要用 65～75℃温水，不可用沸水，因沸水容易烫坏表皮，影响等级，褪毛顺序如下：

◎ 先拔两边翅毛：使鸡侧卧，拔右翅时，用右手固定右肩，左手拔毛。拔左侧时两手互换。

◎ 推背毛：用左手口定鸡体，右手推去背毛和体侧毛。

◎ 去头颈毛：先拔去颈基毛，然后以左手固定颈基，右手握颈向头部一蹭，即可除去掉颈毛，而后再摘去头毛。

⑥ 清洗整理：将鸡体放于清水盆中漂洗，检查鸡体上是否有残存死皮和小毛，并控去肉体上的余水。

⑦ 掏嗉囊：沿喉管剪开颈皮，不划伤肌肉，长约 5 厘米，在喉头部位拉断气管和食道，用中指将嗉囊完整掏出。防止饲料污染胴体。嗉囊破损率控制在 2%。

⑧ 开大膛：从肛门周围伸入环形刀或者斜剪在右腿下放剪切成半圆形，大约 5 厘米。切肛部位要正确，不要切断肠子，防止断肠污染内脏。

⑨ 净膛：净膛可分半净膛和全净膛两种。半净膛只将大小肠拉出，肝、心、胃等仍留在膛内。全净膛则将上述脏器全部取出。

◎ 半净膛的操作方法：拉肠，即先将鸡体置于手中，挤出肛门内积存的粪便，用净水洗手后，将鸡体仰放于木板上，以左手固定鸡体，右手示指或中指插入肛门，拉断泄殖隘与肛门的连接处，并将肠头拉出。右手示指和中指再重新插入肛门钩出小肠，徐徐拉出体外。当拉到十二指肠时，左子压住十二指肠与肌胃的连接处，细心操作，不要把肠管其他部位拉断。

◎ 全净膛操作方法：在肛门下方的腹部，切开 3～4 厘米的开口，右手插入腹腔，掏出全部内脏。

⑩ 冲洗：用清水多次冲洗鸡体内外，水量要充足并有一定压力。机械或工具上的污染物，必须用带压水冲洗干净。

⑪装袋：每只鸡装 1 袋，接触鸡屠体的塑料薄膜，不得含有影响人体健康的有害物质。

⑫运输：运输时应使用符合食品卫生要求的冷藏车（船）或保

温车。成品运输时,不得与有毒、有害、有气味的物品混放。

⑬贮存:鲜鸡肉产品应贮存在(0±1)℃冷藏库中,保质期不得超过 7 天;冻鸡肉产品应真空包装在-18℃以下冻结库贮存,保质期为 12 个月。

(3)其他副产品的加工及利用

① 鸡胗:鸡胗取下来之后,首先用刀从中间割开,将里边的食料掏出来,用水洗干净后,再用小刀将表层黄色的皮刮去,最后把上边的油剥下来,冲洗干净即可。但在开刀摘除内容物和角质膜时,应横着开口保持两个肌肉块的完整,提高利用价值,单独包装出售。鸡内金取出后晒干可药用。

② 鸡肝:鸡肝去胆,修整(即胆部位和结缔组织),擦干血水后单独出售。如不慎胆囊破裂,立即用水冲洗肥肝上的胆汁。鸡肝在包装前不需要用水冲洗,以防变颜色。只需要用干净的布将其擦干净即可。

③ 鸡心:鸡心要清洗干净,去掉心内余血,单独包装出售,速冻冷藏。

④ 鸡肠:去肛门、去脂肪和结缔组织,划肠,去内容物,去盲肠和胰脏,水洗,去伤斑和杂质,晾干。整理鸡肠应去掉肠油,并将内外冲洗干净,单独包装,速冻冷藏。

⑤ 鸡腰:鸡腰可单独出售。

4. 做好淘汰鸡舍的消毒,以便下批鸡转入

在蛋鸡生存的环境中,存在许多病原微生物,特别是在旧鸡场中尤为严重。养鸡户大多都有这样的体会,新鸡场养鸡时,较少发生疫病,有时甚至较为粗放的管理,也能取得成功,而老鸡场,即便是很精心的饲养,也比较难避免发生疫病,这其中很重要的原因就是消毒工作没搞好,从理论上讲,通过消毒,杀灭病原微生物,给鸡

只提供一个良好的卫生环境，这是切断疫病流行传播途径的最重要环节。就养鸡来说，消毒甚至比免疫预防更为重要。

现代养鸡无论任何阶段的转群都采用“全进全出”制。经过一个饲养周期，舍内的顶棚、墙壁、机械用具表面积满的羽绒、饲料碎屑、粪便残渣等，笼网、网架上粘染了尘垢，笼网下积满了粪便，为给下一个饲养周期创造良好的环境，必须进行彻底的消毒。同时，在鸡群转群、销售、淘汰完毕后，鸡舍成为空舍，这是鸡舍中能彻底消毒，消灭上批养鸡过程中蓄积的细菌、病毒、球虫卵囊等一切病原体的唯一有利时机。

(1)清理鸡舍

所有可移动的设备和设施，如饮水器、料槽、料桶、可拆卸的料线、隔栏网、供暖设备、各项工具等，应从鸡舍内移出，同时将鸡舍剩余药品回收入库后，进行熏蒸消毒。

拆走或防护好温控器、温度计、电压调节器、风机、电机、刮粪机电机、电灯泡、加药器、喷雾管喷头、配电盘等不宜或不能冲洗消毒的物品，由专人进行除尘维护保养、冲刷防护以及熏蒸消毒等，并放入指定的库房隔离保管。

(2)鸡舍、设备灰尘、粪便的清理

所有的灰尘、碎屑和蜘蛛网必须从鸡舍内各处用扫帚扫掉。

清除鸡舍内所有的粪便、碎屑、料槽内的剩料等，移到粪场并要防护好，以免污染场区；每清完一栋鸡舍都要铲刮养殖笼上、鸡舍边角以及其他表面所积累的粪便，并将该栋残留的鸡粪认真清扫干净。

(3)清洗鸡舍

必须首先断开鸡舍内所有电器设备的开关，浸泡残留在鸡舍和设备上的灰尘和碎屑，浸泡好后使用高压水枪冲刷鸡笼(常在清洗的用水中加入清洁剂和其他的表面活性剂)，在冲刷过程中，应迅速把鸡舍内剩余的水排净。应特别注意鸡舍内屋梁的顶部、墙壁、粪池内外侧墙壁、粪池地面、板条、供暖设备、下水道及口、风机框、风机轴、风机扇叶、各种支架、水管、喷雾管的冲刷。

移到鸡舍外的部分设备也必须浸泡和冲刷，无法进行的可擦拭消毒，在设备冲刷干净后，设备尽可能在有遮盖物的条件下储存。

鸡舍外面也必须冲刷干净并注意进气口、暖风机房、工作间、饲料间、排水沟、水泥路面等部分的冲刷。

场区粪场的冲刷标准必须和鸡舍的一样。凡在场区的所有附属设施，如办公室、餐厅、伙房、宿舍、洗衣房、浴室、蛋库、料库、锅炉房、车棚、熏蒸间、熏蒸箱等，都要彻底冲刷干净，同时，还应将各个地方的地漏、沉淀池等清理干净。

(4)检修工作

维修鸡舍设备、修补网床、检修电路和供热设备。设备至少能保证再养一批鸡，否则应予以更换，损坏的灯泡全部换好。

(5)治理环境

清除舍外排水沟杂物；清除鸡舍四周杂草；做到排水畅通，不影响通风。修理道路和清扫场区，做到无鸡粪、羽毛、垃圾。

(6)鸡舍准备消毒

把设备和用具搬进鸡舍，关闭门窗和通风孔。要求做到封闭严密不漏风，并准备好消毒设备及药物。

(7)安装调试

安装并调试因冲洗需要而拆卸的设备和其他短时间使用设备，如温控器、电压调节器、风机、电机、电灯泡、加药器、育雏伞等。仔细观察各种设备是否已完成维护、保养，安装是否正确，同时数目是否准确等。

(8)化学消毒

为了达到彻底消灭病原体的目的，建议空舍消毒使用两种或三种不同类型的消毒药进行 2～3 次消毒。只进行一次消毒或只用一种消毒剂的消毒，效果是不完全的，因为不同病原体对不同消毒剂的敏感性不同，一次消毒不能杀死所有的病原体。

① 第 1 次消毒：消毒时将所有门窗关闭，以便门窗表面能喷上消毒液。选用广谱、高效、稳定性好的消毒剂，如用 0.1%新洁尔灭，0.3%～0.5%过氧乙酸、0.2%次氯酸等喷雾鸡笼、墙壁（喷雾消毒时，为了促使消毒剂能深入墙面孔隙、裂隙、裂缝内，建议用高压喷雾器，喷雾消毒时，应先消毒鸡舍的后部再前部，先顶部墙壁，再消毒地面）。用 1%～3%的烧碱或 10%～20%的石灰水泼洒地面，用 0.1%的新洁尔灭或 0.1%的百毒杀浸泡塑料盛料器与饮水器（最后用清水冲洗干净、晾干备用）。鸡舍周围同时进行药物消毒。

② 第 2 次熏蒸消毒：按进雏前准备工作中鸡舍的清理与消毒方法重新清理消毒，该批鸡出栏至下批鸡进鸡间隔时间不少于14 天。

5. 合理利用鸡粪增效益

养鸡形成一定规模时，鸡粪的处理和利用也是增效的另一条途径。目前，鸡粪的脱水干燥法是最简单实用的方法，脱水后不仅可作为含氮磷钾的优质有机肥料，也可作为饲料销售。

新鲜鸡粪的主要成分是水。通过脱水干燥处理，使鸡粪的含水量降到 15%以下。这样，一方面减少了鸡粪的体积和重量，便于包装运输；另一方面，可以有效地抑制鸡粪中微生物的活动，减少营养成分（特别是蛋白质）的损失。脱水干燥处理的主要方法有高温快速干燥、太阳能自然干燥等。

（1）自然干燥法

将收集的鲜粪摊放在干净的地面上利用阳光晒干，除臭灭菌。

然后粉碎过筛，当水分降到10%以下时就可装袋贮存利用。这种处理方法简便易行，适合小型养殖场采用。

(2)简易人工干燥法

通常将鲜粪以70℃ 12小时、140℃ 1小时、180℃ 30分钟加热即可；或在鸡粪中加入30%的工业用硫酸亚铁，在120～160℃下烘干即可。

(3)太阳能自然干燥处理

这种处理方法是采用塑料大棚中形成的"温室效应"，充分利用太阳能来对鸡粪做干燥处理。大棚一般长45米、跨度4～5米，鸡粪平铺于地面上，棚内设有两根铁轨，上有可活动的干燥搅拌机，装有风扇。这种方法每天平均可干燥75千克鲜粪，不怕雨淋，不消耗燃料，比较易于推广。

(4)高温快速干燥

利用高温快速干燥机处理鸡粪，在500～550℃的高温下(12秒左右)可使鸡粪水分降到13%以下。其优点是鸡粪中养分损失少。

附录　无公害食品蛋鸡饲养管理准则

（中华人民共和国农业行业标准　NY/T 5043—2001）

本标准由中华人民共和国农业部提出。

本标准起草单位：中国农业大学动物科技学院、国家家禽测定中心。

本标准主要起草人：宁中华、计成、杨宁、徐桂云。

1　范围

本标准规定了生产无公害鸡蛋过程中引种、环境、饲料、用药、免疫、消毒、鸡蛋收集、废弃物处理各环节的控制。

本标准适用于商品代蛋鸡场，种鸡场出售商品鸡蛋可参照本标准执行。

2　规范性引用文件

下列文件中的条款通过本标准的引用而成为本标准的条款。凡是注日期的引用文件，其随后所有的修改单（不包括勘误的内容）或修订版均不适用于本标准，然而，鼓励根据本标准达成协议的各方研究是否可使用这些文件的最新版本。凡是不注日期的引用文件，其最新版本适用于本标准。

GB 2748　蛋卫生标准

GB 16548　畜禽病害肉尸及其产品无害化处理规程

SB/T 10277　鲜鸡蛋

NY/T 388　畜禽场环境质量标准

NY 5027　无公害食品畜禽饮用水水质

NY 5040　无公害食品蛋鸡饲养兽药使用准则

NY 5041　无公害食品蛋鸡饲养兽医防疫准则

NY 5042　无公害食品蛋鸡饲养饲料使用准则

3　术语和定义

下列术语和定义适用于本标准。

3.1　净道

运送饲料、鸡蛋和人员进出的道路。

3.2　污道

粪便、淘汰鸡出场的道路。

3.3　鸡场废弃物

主要包括鸡粪(尿)、死鸡和孵化厂废弃物(蛋壳、死胚等)。

3.4　全进全出制

同一鸡舍或同一鸡场只饲养同一批次的鸡,同时进场、同时出场的管理制度。

4　引种

4.1　商品代雏鸡应来自通过有关部门验收的父母代种鸡场或专业孵化厂。

4.2　雏鸡不能带鸡白痢、禽白血病和霉形体病等蛋传疾病要严格控制。

4.3　不得从疫区购买雏鸡。

5　鸡场环境与工艺

5.1　鸡场环境

鸡场周围环境、空气质量除符合 NY/T 388 外,还应符合以下条件:

(1)鸡场周围 3 千米内无大型化工厂、矿厂或其他畜牧场等污染源;

(2)鸡场距离干线公里 1 千米以上。鸡场距离村、镇居民点至少 1 千米以上;

(3)鸡场不得建在饮用水源、食品厂上游。

5.2 禽舍环境

5.2.1 鸡舍内的温度、湿度环境应满足鸡不同阶段的需求，以降低鸡群发生疾病的机会。

5.2.2 鸡舍内空气中有毒有害气体含量应符合 NY/T 388 的要求。

5.2.3 鸡舍内空气中灰尘控制在 4 毫克/立方米以下，微生物数量应控制在 25 万/立方米以下。

5.3 工艺布局

5.3.1 鸡场净道和污道要分开。

5.3.2 鸡场周围要设绿化隔离带。

5.3.3 全进全出制度，至少每栋鸡舍饲养同一日龄的同一批鸡。

5.3.4 鸡场生产区、生活区分开，雏鸡、成年鸡分开饲养。

5.3.5 鸡舍应有防鸟设施。

5.3.6 鸡舍地面和墙壁应便于清洗，并能耐酸、碱等消毒药液清洗消毒。

6 饲养条件

6.1 饮水

6.1.1 水质应符合 NY 5027 的要求。

6.1.2 经常清洗消毒饮水设备，避免细菌孳生。

6.2 饲料和饲料添加剂

6.2.1 使用符合无公害标准的全价饲料，建议参考使用饲养品种饲养手册提供的营养标准。

6.2.2 额外添加预防应激的维生素添加剂、矿物质添加剂应符合 NY 5042 的要求。

6.2.3 不应在饲料中额外添加增色剂，如砷制剂、铬制剂、蛋黄增色剂、铜制剂、活菌制剂、免疫因子等。

6.2.4 不应使用霉败、变质、生虫或被污染的饲料。

6.3 兽药使用

6.3.1　雏鸡、育成鸡前期为预防和治疗疾病使用的药物，应符合 NY 5040 的要求。

6.3.2　育成鸡后期（产蛋前）停止用药，停药时间取决于所用药物，但应保证产蛋开始时药物残留量符合要求。

6.3.3　产蛋阶段正常情况下禁止使用任何药物，包括中草药和抗生素。

6.3.4　产蛋阶段发生疾病应用药治疗时，从用药开始到用药结束一段时间内（取决于所用药物，执行无公害食品蛋鸡饲养用药规范）产的鸡蛋不得作为食品蛋出售。

6.4　免疫

鸡群的免疫要符合 NY 5041 的要求。

7　卫生消毒

7.1　消毒剂

消毒剂要选择对人和鸡安全、对设备没有破坏性、没有残留毒性、消毒剂的任一成分都不会在肉或蛋里产生有害积累的消毒剂。所有药物要符合 NY 5040 的规定。

7.2　消毒制度

7.2.1　环境消毒

鸡舍周围环境 2～3 周用 2%火碱液消毒 1 次；场周围及场内污水池、排粪坑、下水道出口，每 1～2 个月用漂白粉消毒 1 次。在大门口设消毒池，使用 2%火碱或煤酚皂溶液。

7.2.2　人员消毒

工作人员进入生产区要经过洗澡、更衣和紫外线消毒。

7.2.3　鸡舍消毒

进鸡或转群前将鸡舍彻底清扫干净，然后用高压水枪冲洗，再用 0.1%新洁尔灭或 4%来苏儿水或 0.2%过氧乙酸或次氯酸盐、碘附等消毒液全面喷洒，然后关闭门窗用福尔马林熏蒸消毒。

7.2.4 用具消毒

定期对蛋箱、蛋盘、喂料器等用具进行消毒，可先用0.1%新洁尔灭或0.2%～0.5%过氧乙酸消毒，然后在密闭的室内用福尔马林熏蒸消毒30分钟以上。

7.2.5 带鸡消毒

定期进行带鸡消毒，有利于减少环境中的微生物和空气中的可吸入颗粒物。常用于带鸡消毒的消毒药有0.3%过氧乙酸、0.1%新洁尔灭、0.1%次氯酸钠等。带鸡消毒要在鸡舍内无鸡蛋的时候进行，以免消毒剂喷洒到鸡蛋表面。

8 饲养管理

8.1 饲养员

饲养员应定期进行健康检查，传染病患者不得从事养殖工作。

8.2 加料

饲料每次添加量要合适，尽量保持饲料新鲜，防止饲料霉变。

8.3 饮水

饮水系统不能漏水，以免弄湿垫料或粪便。定期清洗消毒饮水设备。

8.4 鸡蛋收集

8.4.1 盛放鸡蛋的蛋箱或蛋托应经过消毒。

8.4.2 集蛋人员集蛋前要洗手消毒。

8.4.3 集蛋时将破蛋、砂皮蛋、软蛋、特大蛋、特小蛋单独存放，不作为鲜蛋销售，可用于蛋品加工。

8.4.4 鸡蛋在鸡舍内暴露时间越短越好，从鸡蛋产出到蛋库保存不得超过2小时。

8.4.5 鸡蛋收集后立即用福尔马林熏蒸消毒，消毒后送蛋库保存。

8.4.6 鸡蛋应符合蛋卫生标准GB 2748和鲜鸡蛋SB/T 10277的要求。

8.5 灭鼠

定期投放灭鼠药，控制啮齿类动物。投放鼠药要定时、定点，及时收集死鼠和残余鼠药并做无害化处理。

8.6 杀虫

防止昆虫传播传染病，常用高效低毒化学药物杀虫。喷洒杀虫剂时避免喷洒到鸡蛋表面、饲料中和鸡体上。

9 鸡蛋包装运输

9.1 鸡蛋可用一次性纸蛋盘或塑料蛋盘盛放。盛放鸡蛋的用具使用前应经过消毒。

9.2 纸蛋托盛放鸡蛋应用纸箱包装，每箱 10 盘或 12 盘。纸箱可重复使用，使用前要用福尔马林熏蒸消毒。

9.3 运送鸡蛋的车辆应使用封闭货车或集装箱，不得让鸡蛋直接暴露在空气中进行运输。车辆事先要用消毒液彻底消毒。

10 资料

每批鸡要有完整的记录资料。记录内容应包括引种、饲料、用药、免疫、发病和治疗情况、饲养日记，资料保存期 2 年。

11 病、死鸡处理

11.1 传染病致死的鸡及因病扑杀的死尸应按 GB 16548 要求进行无害化处理。

11.2 鸡场不得出售病鸡、死鸡。

11.3 有救治价值的病鸡应隔离饲养，由兽医进行诊治。

12 废弃物处理

12.1 鸡场废弃物经无害化处理后可以作为农业用肥。处理方法有堆积生物热处理法、鸡粪干燥处理法。

12.2 鸡场废弃物经无害化处理后不得作为其他动物的饲料。

12.3 孵化厂的副产品无精蛋不得作为鲜蛋销售，可以作为加工用蛋。

12.4 孵化厂的副产品死精蛋可以用于加工动物饲料，不得作为人类食品加工用蛋。

参考文献

1　彭克森. 蛋鸡饲养增值20%关键技术. 北京:中国三峡出版社,2006

2　丁山河,杜金平. 蛋鸡标准化养殖技术. 武汉:湖北科学技术出版社,2009

3　张守然. 蛋鸡高产养殖技术. 呼和浩特:内蒙古人民出版社,2009

4　杜立新. 鸡饲养手册. 北京:中国农业大学出版社,2000

5　魏忠义. 高产蛋鸡饲养新技术. 杨凌:西北农林科技大学出版社,2005

6　王小阳,郝正里,蔡应奎. 怎样提高养蛋鸡效益. 北京:金盾出版社,2008

7　韩俊彦,王永英. 蛋鸡. 北京:经济管理出版社,1998

8　"抠门"养鸡经. 科技苑,中央电视台农业军事频道(CCTV7),2011. 2. 18

内容简介

鸡蛋与粮食一样已经成为现今人们日常生活中不可缺少的食品。近年来,由于饲料涨价,鸡蛋行业不好赚钱,但如何在别人不赚钱的时候能赚钱,在别人赚钱的时候多赚钱,这就需要对养殖场地的选择、笼具的选择、人工光照方式的改变、高产蛋鸡品种的选择、进雏时间的计算、喂料方法的改进、蛋鸡淘汰时间的把握等处处精打细算。本书介绍了在蛋鸡养殖过程中的九个能赚钱或能省钱的养殖技巧,无论新、老养殖者如果认真参照执行或改进每一招就能实现在别人不赚钱的时候能赚钱,在别人赚钱的时候多赚钱,同样的养殖规模比以前多赚钱的目的。本书适合准备养殖蛋鸡者设计时参考,已养蛋鸡者对相关的环节进行改进,养鸡技术人员以及相关院校师生阅读参考。